KB133964

양자역학의 미래

큐비즘이 슈뢰딩거의 고양이를 구하다

양자역학의 미래

미국출판협회 2017 대중과학/대중수학 부문 수상

큐비즘이 슈뢰딩거의 고양이를 구하다

4차 산업혁명 시대,
큐비즘은 우리 삶을 어떻게 변화시킬까?

한스 크리스천 폰 베이어 지음
이억주 박태선 옮김

동아엠앤비

차 례

QBism

III. 양자 베이지어니즘

IV. 큐비스트의 세계관

나의 아내 바버라에게

머리말

나는 양자역학에서 은퇴했다. 50년 동안 여러 대학에서 양자역학을 가르치고 연구하면서 수학적 방법을 다루어왔고, 강의·기고·책·텔레비전을 통해 일반 대중에게 알리려고 노력했다. 이러한 과정에서 양자역학은 나에게 자국을 남겼고 그 자국은 내가 우주를 생각하는 방식에 물을 들였다.

그럼에도 조지 가모프(George Gamow)의 고전 『톰킨 씨 이야기』에서 '양자 당구'와 '양자 정글'의 마법 같은 세계를 발견한 고등학교 이후 나는 양자역학에 대해 석연치 않다는 뒤를 찌르는 불안감에 시달려왔다.[1] 양자역학은 언제나 완벽하게 작동해서 결코 나를 실망시킨 적이 없었고-다른 모든 이들에게도 그러한 문제에 대해서는 실망시키지 않았다. 하지만 양자역학을 사용하고 가르쳐온 이후 내가 진정 양자역학을 알지 못한다는 사실을 깊이 알고 있었다. 나는 그 이론의 선구자들이 오래전에 짜놓은 안무를 단지 따라가기만 하는 것 같은 느낌을 받았다. 모든 물리학자와 마찬가지로 나는 '고전역학'이라고도 하는 뉴턴물리학에 능통하다. 그리고 필요할 때는 목사가 성경을 인용하는 것처럼 법칙이나 구절 등을 줄줄 말하지만 양자역학에서는 이렇게 확실하다는 느낌을 받지는 못했다. 양자역학의 기묘함은 수학적 복잡성이 아니라 태어날 때부터 괴롭혀온 역설과 수수께끼에 기반을 두고 있다. 그런 수수께끼 중 가장 유명한 것이 슈뢰딩거의 불운한 고양이 이야기다. 양자역학에 따르면 이 고양이는 살아 있는 동시에 죽어 있어야 한다. 다른 수수께끼들 중 하나는 하나의 양자 입자가 동시에 두 장소에 있을 수도 있고, 입자가 파동처럼 행동할 수도 있고 파동이 입자처럼 행동할 수도 있다는 것과 정보가 순식간에 붕괴되는 것처럼 보인다는 것이다. 이런 수수께끼들을 종합해서 '양자 기묘도'라고 한다.

노벨 물리학상 수상자인 리처드 파인만에게 위안을 약간 받는 게 고작이었다. 그는 20세기 최고 양자이론가 중 한 명으로 유명하지만, "자신을 포함한 어느 누구도 양자역학을 제대로 이해하지 못한다"라고 고백했다. 그의 이런 고뇌에 찬 고백도 나에게 큰 편안함을 주지는 못했다. 그런데 예상하지 못한 일이 일어났다.

은퇴 계획을 세우고 양자역학을 결코 쉽게 해결하지 못할 것이라는 우울한 확신에 사로잡혀 있을 때, 양자정보이론의 최전선에 있는 전문가 크리스토퍼 푹스의 논문을 우연히 보았다. 비록 그 기사를 확실히 이해하지는 못했지만, 희망이 보였다. 그래서 나는 과학자들의 관례에 따라 그를 내가 연구하는 버지니아의 윌리엄앤메리

대학에서 강연하도록 초청했다. 그는 초청을 받아들였고, 나는 그가 창안에 기여한 양자역학의 새로운 해석 방법을 배우기 시작했다. 내가 책에서 후술할 이유들로 이 해석은 양자 베이지어니즘이라고 부르고, 다분히 고의적으로 줄여서는 큐비즘이다.[2] 큐비즘은 양자이론의 기술적 측면은 건드리지 않는데, 그런 기술적 측면은 오랫동안 나를 아주 잘 만족시켜왔고, 수없이 많은 장치의 발명을 이끌었으며, 더 나아가 우리 삶을 변화시키는 산업 전체에 영향을 미쳐왔었다. 큐비즘은 양자이론의 기본 용어를 재해석하고 새로운 의미를 제공해준다.

푹스와 나는 친구가 되었고, 그는 나에게 큐비즘이 어떻게 많은 양자 기묘도를 해결할 수 있는지를 인내심을 가지고 가르쳐주었다. 10년 동안 우리는 스웨덴의 오래된 성, 캐나다의 하이테크 두뇌집단, 스위스의 산정 호텔, 파리의 황량한 강당 같은 이국적인 장소 등에서 열린 콘퍼런스와 워크숍에서 만났다. 물리학자들이 모여 큐비즘의 장단점을 토론하는 곳이면 어디에서나 말이다. 푹스와 나는 서로 집을 방문해 가족을 만나고, 수많은 이메일을 주고받고, 와인잔을 수없이 비웠다. 그리고 서서히 이해하기 시작했다.

큐비즘은 급진적이고 심오하지만 이해하기가 특별히 어려운 것은 아니다. 내가 기존의 양자역학에 너무 익숙한 탓에 나는 큐비즘을 받아들이는데 많은 시간을 할애해야만 했다. 기존의 양자역학은 분명 괴상했지만 자연을 설명하는 데 탁월했고, 검증 가능한 예측을 세우는 데에도 탁월했다. 우리 세대는 우스갯소리로 물리학 교실에서 "입 다물고 계산이나 해!"라는 식으로 공부했다. 우리는 양자역학을 사실로 받아들이고, 실험을 설명하고, 도구를 설계하기 위해 그것을 사용하는 법을 배웠고, 더 깊은 의미를 고민하지 않았다. "그것에 익숙해져!"는 "입 다물고 계산이나 해!"의 정중한 표현이다. 우리는 철학적인 문제는 제쳐두고 실제적인 문제를 해결하도록 강요받았다. 그러한 생각을 극복하는 데 시간이 필요했지만 말이다.

이런 자기만족적인 태도는 21세기가 되면서 양자정보 이론의 발전이 우리가 상상도 하지 못했던 양자역학의 잠재력을 이끌어내면서 바뀌었다. 그것들은 양자암호(풀리지 않는 코드를 생성하기 위한)와 양자컴퓨터(풀리지 않는 문제를 풀기 위한) 같은 새로운 분야로 응용되기 시작했다. 전자는 이미 상업적으로 이용되고 있으며, 후자는 멀지 않은 미래에 실용화될 것이다. 물리학계는 기술적 진전이 빠른데 고무되어 양자역학의 실제 의미를 새롭게 보기 시작했다. 그 기초 연구에 관심을 표명하는 젊은 연구원은 이제 더는 몽상가가 아니었다. 푹스와 그의 동료들은 기존의 관념들에 대한 유익하면서 새로운 관점들을 발전시켰다는 공로를 받아야 한다—아주 오랫동안 뒤편에 묻혀 있던 것들을 다시 빛을 보게 만든 공로를.

큐비즘의 메시지가 물리학회를 통해 천천히 퍼져나가는 것을 보면서 나는 수학 공식과 방정식에 쉽게 접근할 수 없는 사람들을 위해 이 책을 쓰기로 결심했다. 한 25년 전에 원자들 각각의 장엄하고 새로운 이미지에 관한 일반 대중을 위한 물리학 책에서 나는 확신보다는 더 많은 희망을 가지고 이렇게 썼다. "심오하고 단순한 아이디어가 양자의 수수께끼를 해결하는 그날까지, 원자를 통해 우리가 확립하는 이해의 결합은 … 더 깊은 이해를 줄 것입니다." 글쎄,

그날은 아직 오지 않았지만, 20세기에 현미경의 발달이 원자를 친숙하게 만들어준 것처럼 간단하면서도 심오한 큐비즘의 본질이 21세기에 양자역학을 좀 더 잘 이해할 수 있도록 안내해줄 것이다.

이 책의 첫 번째 파트인 '양자역학'에서는 수학 용어를 사용하지 않고 기존의 이론을 소개한다. 그 의미의 직관적 감각을 끌어내기 위해서 나는 친근한 물체와 일상 경험에 대한 은유와 유추에 의존할 것이다. 고등학교 물리학 과정은 이해에 도움을 주겠지만 필수적인 것은 아니다.

다음 파트인 '확률'에서는 고등학교에서 가르치듯이 확률의 일반적 '빈도확률'과 큐비즘(QBism)에 있는 B를 나타내는 익숙하지 않은 베이지언 확률을 비교한다. 이 논의의 중심은 기초적인—그러나 보통 빼먹는—수학의 확률론과 실제 세계의 응용 사이에 존재하는 근본적 차이다.

이 준비를 마친 후 이 책의 핵심인 양자역학과 베이지언 확률이 어떻게 양자 베이지어니즘으로 결합하는지, 어떻게 양자 기묘도를 해결하는지를 설명하겠다.

마지막 파트로 좀 더 철학적 부분인 '큐비스트의 세계관'에서는 큐비즘에서 배워야 할 가장 중요한 교훈, 더 깊은 의미를 제시한다. 큐비즘은 과학적 세계관을 이해하기 위한 전통적 태도를 바꾸는 것을 의미한다. '자연법칙'의 본성은 무엇일까? 그 법칙이 우주의 진화를 완전히 결정하는지 아니면 우리의 자유의지가 그 우주에 영향을 미칠 수 있는지? 우리가 부분과 관찰자 둘 다인 이 우주에서 어떻게 물질세계와 우리를 관련지을까? 시간은 무엇일까? 인간 이해의 한

계는 어디일까? 이러한 질문들에 대한 큐비스트의 관점을 이 파트에서 다룬다. 그리고 마지막 장에서 큐비즘이 어떻게 발전할 수 있는지를 살펴본다.

큐비즘은 새 병에 담긴 오래된 와인 이상이다. 양자역학의 또 다른 해석 이상이다. 양자역학은 내 세계관에 물을 들였고, 큐비즘은 그러한 양자역학을 변화시켰다.

I
양자역학
QUANTUM MECHANICS

1장

양자는 어떻게 탄생했나

양자라는 개념을 창안한 독일의 물리학자 막스 플랑크(Max Planck, 1858~1947)에 따르면 양자의 창안은 한마디로 '자포자기 행위'였다고 한다.[1] 1900년 즈음 조명기구가 가스등에서 전기등으로 바뀌는 과정에서 필요한 기술적 도전에 자극받은 물리학자들은 뜨거운 물질이 어떻게 빛나는지, 즉 어떻게 빛을 내보내는지 탐구하기 시작했다. 가스 불꽃, 백열전구의 금속 코일, 태양 등 물체가 탈 때는 각각 다른 색깔의 빛을 복사한다. 1900년까지 파동운동을 하는 그 실체가 무엇인지는 명확하게 밝혀지지 않았지만 빛은 파동의 일종으로 알려져 있었다. 물결파와 음파처럼 광파도 진폭, 파장, 진동수 등으로 묘사할 수 있다. 진동수는 정지해 있는 관찰자가 측정했을 때, 1초 동안 마루에서 다음 마루까지 완전한 주기를 몇 번이나 반복하는지 그 횟수를 말한다.[2]

우리는 맨눈으로 광파의 주기를 볼 수 없다. 하지만 색깔이 다른 광선은 진동수가 다르다는 것을 안다. 붉은색 광선은 느리게 진행되는 진동, 즉 작은 진동수를 가지고 있고, 노란색 광선은 중간 정도 진동수를 가지고 있으며, 파란색 광선은 큰 진동수를 가지고 빠르게 진동한다. (이렇게 기억하자. 무지개 색에서 붉은색보다 진동수가 작은 쪽을 적외선 혹은 infrared라고 하는데, 이때 접두사 infra-는 더 아래라는 뜻이다. 무지개 색에서 보라색 오른쪽 영역은 자외선 혹은 ultraviolet인데 접두사 ultra-는 초과의 또는 더 넘어서라는 뜻이다.) 자연에서 보는 색깔에는 여러 가지 색깔이 섞여 있다. 물리학자들은 '빛의 세기와 진동수의 관계는 무엇인가?'라고 묻는다. 이는 쉽게 말하면 무지개에서 보는 색들인 '붉은색 광선, 노란색 광선, 파란색 광선은 각각 얼마나 세게 방출되는가?'라는 물음과 같다.

플랑크 시대 실험가들은 이상적인 실험실 조건에서 이 물음에 대해 아주 정확한 그래프를 만들려고 경쟁했다. 가로축은 진동수를 나타내고 세로축은 에너지 밀도 또는 밝기를 나타내는 이 '복사곡선' 그래프는 마치 언덕처럼 보인다. 가장 밝게 빛나는 색깔은 언덕 맨 꼭대기에서 결정된다. 예를 들어 태양의 복사곡선은 스펙트럼의 노란색에서 절정을 이룬다. 적외선과 붉은색 광선은 그래프 왼쪽에 기록되며 에너지가 그리 많이 방출되지 않는다. 진동수가 커질수록 곡선이 올라가다가 노란색에서 최고를 이루고 파란색, 보라색, 눈에 안 보이는 자외선으로 가면서 강도는 다시 줄어든다.

그 당시의 이론가들은 물리학의 기본 원리 안에서 이 복사곡선을 설명하려고 고민했다. 플랑크도 몇 년 동안 이 문제에 공을 들였지만 부분적 성공만 거두었을 뿐이다. 19세기가 서서히 저물어가는

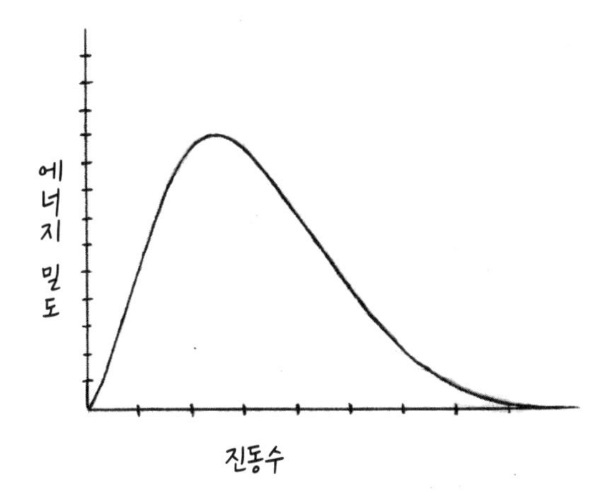

1899년, 플랑크는 마지막으로 자신이 탐탁지 않게 생각했던 통계학적 방법을 사용하기로 했다. 언덕 모양의 곡선은 확률과 통계 분야에서는 흔히 볼 수 있는 것이었다. 예를 들어 주사위 2개를 여러 번 던져 눈의 합이 2, 3, 4, …, 12가 나오는 횟수를 생각해보자. 가로축은 주사위를 2개 던졌을 때 나오는 눈의 합, 즉 2부터 12까지로 하고, 세로축은 그 눈의 합이 나온 횟수로 한다. 그러면 결국 언덕 곡선이 나오는 것을 알게 된다. 그 곡선은 완벽하게 대칭은 아니지만 양쪽 끝에서 낮고 7에서 가장 높은 모양을 할 것이다. 이 모양이 주사위를 2개 던질 때 나오는 경우의 수를 토대로 만들어졌다.

합이 2가 되는 (1, 1)이나 12가 되는 (6, 6)은 경우의 수는 오직 한 가지다. 하지만 합이 7이 되는 경우의 수는 (1, 6), (6, 1), (2, 5), (5, 2), (3, 4), (4, 3)으로 무려 여섯 가지나 된다. 중간에 있는 3, 4, 5, 6, 8, 9, 10, 11이 나오는 경우의 수는 한 가지보다 많지만 여섯 가지보다는 적다. 각각의 조합이 나오는 확률은 모두 같으므로 그래

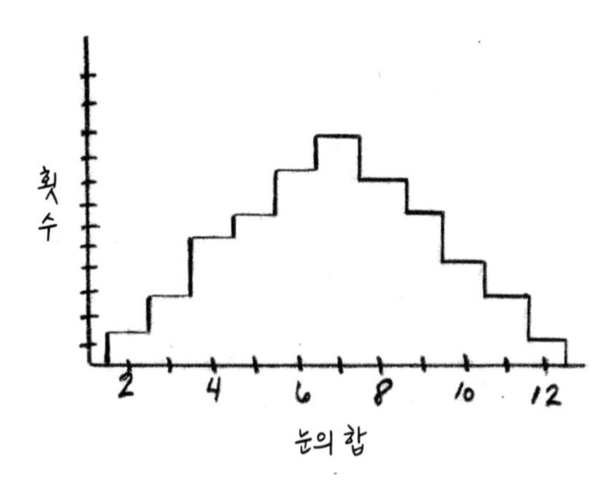

프 중간이 7이 되는 것을 명확하게 설명할 수 있다.

플랑크는 복사곡선에도 이와 유사하게 적용했다. 그러기 위해서 그는 연속적 문제를 불연속적 문제로 바꿀 필요가 있었다. 주사위를 던지는 경우, 가로축과 세로축이 모두 간단한 정수로 나타날 수 있으며 셀 수 있는 양이다. 반면에 복사곡선에서는 가로축인 빛의 진동수는 0부터 무한대까지 실수로 측정된 값이다.(무지개 색은 로이 G. 비브가 말한 것처럼 빨, 주, 노, 초, 파, 남, 보로 구성되는 게 아니라 실제로는 무한하며 셀 수 없이 많은 색으로 되어 있다.) 복사곡선의 세로축도 마찬가지로 문제다. 뜨거운 물체에서 방출되는 에너지는 측정할 수는 있지만 셀 수 있는 양은 아니었다. 셀 수 있게 하려면 매끄러운 복사곡선을 멕시코 피라미드처럼 계단 모양으로 만들어야 했다. 만약 계단 크기를 충분히 작게 한다면 외곽선의 삐죽삐죽한 계단은 매끄러운 복사곡선처럼 보일 것이다.

비록 플랑크는 동시대 몇몇 과학자처럼 원자의 실체를 믿지 않았지만 상상력이 뛰어났다. 그는 뜨거운 물체의 열에너지는 일종의 보이지 않는 운동의 표시라는 것을 알았다. 우리가 열이라고 하는 것은 실제로는 감지할 수 없지만 물체를 이루는 물질의 진동이다.(손을 비비거나 전기 드릴로 딱딱한 물체에 구멍을 뚫을 때 운동이 열로 바뀌는 것을 알 수 있다!) 이런 이해를 가지고 플랑크는 진동수와 에너지 둘 다 셀 수 있는 기발한 방법을 창안했다.

에너지를 저장하고 주어진 진동수로 진동하는 간단한 장치는 조화 진동자다.(조화라는 매력적인 이 단어는 음악 소리를 만들 때 진동의 역할로부터 나왔다.) 조화 진동자, 줄여서 진동자의 한 예는 마찰이 없는 표면 위에 한쪽은 벽에, 다른 한쪽은 정지해 있는 물체에 붙어 있는 용수철과 같은 장치다. 또 다른 진동자의 예로 소리굽쇠, 악기, 진자(시계추) 등이 있다. 용수철이 이완된 상태로 정지되어 있는 진동자는 운동에너지도 없고 용수철이 늘어나거나 수축됨으로써 생기는 위치에너지도 없다. 하지만 물체를 살짝 밀면 에너지가 운동에너지에서

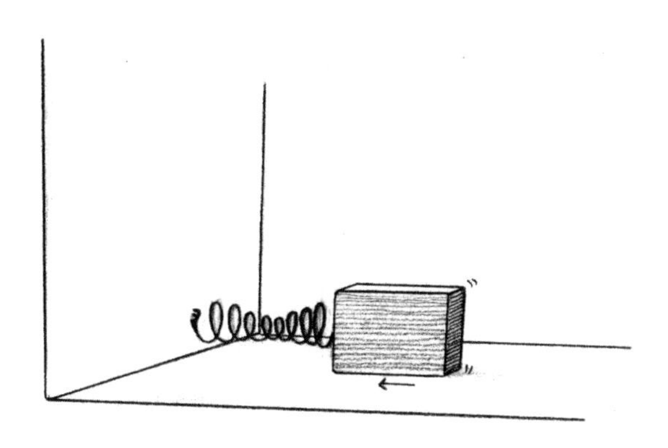

위치에너지로 부드럽게 옮겨갔다가 옮겨오는 것을 반복하면서 주어진 진동수를 가지고 진동하는데 이 운동의 진동수를 'f'라고 표기한다. 완벽하게 마찰이 없다면 총에너지는 변함없이 유지되고 조화 진동 운동이 영원히 지속될 것이다.

임시방편의 하나로, 단순히 수학적 트릭의 하나로, 플랑크는 뜨겁게 달아오른 물체, 말하자면 뜨거운 가스 뭉치의 전체 열에너지는 무한대는 아니지만 아주 많은 수의 아주 작은 진동자에 분포되어 있으며, 이들 진동자들은 각각 정해진 진동수를 가지고 진동함으로써 에너지를 저장하고, 또 같은 진동수를 가지는 빛을 지속적으로 방출하고 흡수하는 역할을 한다고 생각했다. 이 진동자들은 여러 다양한 기체의 다른 성질, 예를 들어 화학 조성, 밀도, 전기 저항 등을 설명하기 위한 것이 아니다. 플랑크의 모델은 억지스럽지만 선견지명이 있는 것이었다.

플랑크의 상상 속 이 작은 진동자들은 얼마 안 있어 실제 존재하는 것으로 밝혀졌다. 뜨거운 그 물체를 구성하고 실제로 빛을 방출하고 흡수하는 진동자는 진동하는 원자와 분자였다.(상상의 모델에서 단단한 벽은 진동하는 각각의 원자를 둘러싸고 그 위치를 어느 정도 유지하는 기체의 거대한 질량을 나타낸다.) 원자의 수는 확실히 방대하지만 어떤 물체에 있는 원자 수는 셀 수 있고 유한하다.(이론상 그렇다는 것이고 실제로 세기는 어렵다.) 한편 플랑크의 진동자는, 그 자신이 말했듯이 순전히 공식을 만들기 위한 가정일 뿐 특별히 깊은 의미를 둔 것은 아니었다. 이런 상상의 도약에서 중요한 것은 진동수 영역을 불연속적인 값들의 유한한 시퀀스, 즉 주사위 2개를 던질 때 눈의 합이 2부터 12까지 11가지로 불연속적이고 셀 수 있는 값처럼 나오게 만들었다는 것이었다.

주사위 2개를 던졌을 때 눈의 합이 나오는 '횟수'를 나타냈던 것처럼, 플랑크는 이제 복사곡선의 세로축인 에너지 밀도 또는 밝기를 불연속적인 값으로 만들어야 했다. 그러기 위해서 진동자는 각각이 오직 크기가 같은 에너지 단위를 갖는다는 유례없이 황당무계한 가정을 세웠다. 플랑크 자신은 그것을 '에너지 요소'라고 불렀다. 이것은 가로축인 진동수를 불연속화하는 것보다 더 중요한 가설이었다. 각 진동자에 대해 그는 그 진동자의 에너지를 크기가 같은 여러 꾸러미로 나누었고, 이때 이 꾸러미의 크기가 진동수에 따라 달라질 수도 있다는 가능성을 열어두었다. 에너지 꾸러미를 *e*라고 한다면 한 진동자는 총에너지가 0 또는 *e* 또는 2*e* 또는 3*e*…처럼 *e*의 정수배가 될 것이다. 이런 에너지값의 수열은 무한대가 될 수 없다는 것에 주목하자. 왜냐하면 연소하는 기체의 전체 에너지는 유한하고, 진동자 1개는 이 총에너지 이상을 가질 수 없기 때문이다. 이 미묘한 점이 계산에서 결정적 차이를 만들었다. 즉 경우의 수가 무한대가 되는 대신 유한한 값이 되게 만들어주었다.

실제 실험의 복사곡선을 예측하기 위해 플랑크는 *e*의 실제 값을 찾아야 했다. 이것은 '작은 에너지 꾸러미 하나가 얼마나 많은 에너지를 가지고 있는가?'라는 질문과 같다. 보통 진동자의 에너지가 진폭이 일정하게 유지되면 진동수에 따라 증가한다는 지식에 근거해서 플랑크는 꾸러미 하나가 가지고 있는 에너지의 양이 그 진동자의 진동수(*f*로 표시)에 비례한다고 가정했다.(몸을 더 빠르게 움직이면 운동에너지가 더 커지는 것과 같다.) 수학적으로 이것은 기본적 에너지 꾸러미 e를 진동수 f와 그가 h라고 이름 붙인 비례상수의 곱으로 나타낼 수 있다는 것을 의미한다.(비례상수는 두 변수의 비를 같게 해주는 일정한 값을 말한다.) 이를 식으로 나타내면 다음과 같다.

$$e = hf$$

수많은 진동자에 저장된 천문학적인 수의 에너지 꾸러미를 연상하면서 플랑크는 총에너지가 진동자 사이에 분포될 수 있는 경우의 수를 셀 수 있었고, 뜨거운 기체의 진동수에 대한 에너지 곡선을 파악할 수 있었다. 주사위를 던지는 경우와 같이 결과로 나온 곡선의 왼쪽과 오른쪽 끝은 중앙보다 더 낮다는 것이 밝혀졌다. h값의 크기를 데이터에 맞는 값으로 맞추면서 그는 실험으로 측정한 복사곡선을 놀라울 정도로 정확히 재구현할 수 있었다.

이 업적이 그에게 노벨상(1918년 물리학상)을 안겨주었지만, 플랑크는 몇 년 동안 에너지 꾸러미 같은 것은 오직 계산상의 도움을 주는 것일 뿐이라고 생각했고, 에너지가 불연속이 아닌 연속성을 회복할 수 있는 더 개선된 모델을 찾고 싶어 했다. 그는 실험실에서 측정된 실제 복사곡선에 대한 마지막 공식에 나타나기 때문에 상수 h를 무시하거나 없앨 수는 없었지만, 작은 진동자와 그들의 에너지 꾸러미가 단순한 인공물이었기를 원했다.

그러나 플랑크는 두 가지 다 틀렸다. 그 진동자는 원자와 분자로 밝혀졌다. 결국 에너지 꾸러미는 '양자(量子, quanta(quantum의 복수형), 라틴어로 양(量)을 뜻함)'였고, 지금 플랑크 상수라고 부르는 비례상

수 h는 양자역학적 현상의 크기를 나타내는 가장 중요한 상수가 되었다. 플랑크의 '자포자기 행위'가 결국 '현대 물리학의 탄생을 알리는 행위'가 되었다.

플랑크의 공식 $e=hf$는 아인슈타인에 의해 양자역학의 상징이 되었고, 아인슈타인의 $E=mc^2$ 가 상대성이론의 상징이 되었듯 두 방정식 중 후자가 더 유명하지만 $e=hf$도 그만큼 강력하다. 에너지와 질량에 관한 아인슈타인의 방정식은 좀 더 기본적인 상대성이론에서 유도할 수 있지만, 플랑크의 에너지와 진동수에 관한 방정식은 초기 양자론에서는 설명되지 않는 공리와도 같았다. 오늘날 그 공식은 양자역학의 중요한 결과로 여겨지지만 그 자체는 아주 기본적인 원리였다.

h의 값을 미터단위계로 나타내면 다음과 같다.[3]

h≒0.000 000 000 000 000 000 000 000 000
000 000 662 606 957 joule−seconds.

과학에서는 보통 $h≒6.63\times10^{-34}$ joule-seconds라고 표현하는데, 0을 34개나 써서 표현하는 것은 우리 감각으로는 접근할 수 없는 원자 세계의 모습을 표현하는 데 훨씬 적합하다. 우리 감각이 직접 경험할 수 있는 영역은 100㎞ 또는 $1.0\times10^{+5}$m의 먼 수평선에서 10만 분의 1m 또는 1.0×10^{-5}m의 미세한 머리카락 두께 정도까지다. 10의 +5승이나 −5승을 넘어가면 망원경과 현미경의 도움을 받아야 한다. 하지만 그마저도 플랑크의 계산과 같은 상상할 수도 없이 작은 차원에는 접근할 수 없다. 양자의 영역은 우리의 직접적 감각이

나 측정 도구가 아닌 추론으로 밝혀진 영역이다.

플랑크는 에너지 꾸러미 자체를 싫어했기 때문에 그 공식의 엄청난 중요성을 놓치고 말았다. 그 중요성을 깨달은 사람이 바로 아인슈타인이다. 그로부터 5년 뒤인 1905년, 아인슈타인은 양자를 수학적으로 편리한 허구에서 측정 가능한 실체로 승화시켰다. 아인슈타인은 빛이 전파될 때 에너지가 불연속적 성질을 유지하면서 방출되는지 조사했다. 독일 남부 도시 울름에서 태어난 아인슈타인은 한 가지 의문을 품었다. "맥주는 항상 파인트병에 담아 팔지만, 맥주 자체가 파인트 단위로 구성되어 있는 건 아니군."[4] 플랑크는 각각의 부분이 물질 속에 존재한다고 생각했고, 아인슈타인은 빛 자체가 에너지 꾸러미로 되어 있다고 제안했다. 이것을 아인슈타인은 양자라 했고 나중에 '광자(photon)'라고 이름을 붙였다.

원자론자로 알려진 고대 그리스의 철학자들은 물질이 각각의 입자로 구성되어 있다고 주장했다. 전기를 가지며 자를 수 없는 입자인 전자는 19세기 말에 발견되었다. 아인슈타인은 물질과 전기처럼 빛도 역시 입자로 되어 있다고 제안했다.

2장

광자

우리는 아인슈타인이 어떻게 그렇게 급진적이고 엄청나게 영향력이 있는 생각을 하게 되었는지 정확하게 모르지만 그는 몇 가지 실마리를 남겨주었다. “생각한다는 것이란 무엇인가?”라고 물으면 아인슈타인은 말이나 방정식으로 시작하지 않는다고 대답했다. 그 대신에 그는 백일몽이나 끼적거리는 낙서, 또는 만화경 속의 색유리 조각들처럼 심상이 서로 얽혀 변화하도록 허용하는 것과 같은 ‘이미지의 자유로운 놀이’와 더불어 시작한다고 대답했다. 심지어 아인슈타인은 이것마저도 생각하는 것이 아니라고 했다. 그러나 이런 장난스러운 이미지들 중에서 어떤 패턴이 계속해서 떠오르면 이는 신선한 발상일 수도 있다. 그리고 마침내 그 발상을 말이나 수학적 기호로 표현할 수 있다면 유레카! 새로운 아이디어가 태어난 것이다.

특수상대성이론으로 동료들에게 충격을 준, 그의 기적의 해인 1905년, 아인슈타인은 광전효과의 신비에 대해 곰곰이 생각했다.

광전효과는 어떤 특정한 금속판에 빛을 비출 때 금속에서 전자가 튀어나오는 현상을 말한다. 전자는 음전하를 띠기 때문에 전자가 튀어나간 금속은 양전하로 대전된다. 광전효과가 자세하게 알려졌을 때 두 가지 문제가 불거졌다. 예상대로 전자가 다양한 에너지를 가지고 있었다. 짐작건대 전자들이 금속 내부에서 튀어나왔으며 나올 때 불규칙한 충돌로 인해 감속되기 때문이다. 하지만 각각의 주어진 색깔의 빛에 대해서 전자들이 가질 수 있는 가장 큰 에너지(그 어떠한 전자도 뛰어넘지 못하는, 전자가 가질 수 있는 최대 에너지)가 있는 듯이 보였다. 빛의 세기를 늘려 광학에너지의 홍수로 금속 표면이 흠뻑 젖도록 만들고 홍수의 급류에 휩쓸리듯이 전자들이 튀어나오게 해도, 전자의 최고 속력 또는 최고 에너지를 늘릴 수는 없었다. 안에서 무엇인가가 잡고 있는 걸까?

광전효과의 또 다른 문제는 금속이 달라지거나 빛의 색깔이 달라지면 광전효과도 달라진다는 것이었다. 각각의 금속에 대해 빛의 진동수가 일정 수치 이하면 광전효과가 나타나지 않는다. 다른 말로 하면 빛의 진동수가 너무 작으면, 만약 빛의 색깔이 '너무 빨간'색이면 비추는 광원의 세기가 강하더라도 전자가 튀어나가지 않는다는 것이다. 무지개 색의 빨간 쪽 빛은 왜 금속에서 전자가 벗어나지 못하게 할까?

이 두 가지 관측 사실, 즉 전자의 최대 에너지와 빛의 최저 진동수는 둘 다 보통 고전물리학으로는 설명할 수 없다. 19세기 초 빛이 파동으로 되어 있다는 것은 의심할 여지없이 증명되었다. 나중에 물리학자들은 빛의 파동을 빛의 속도로 공간으로 전달되면서 빠르게 진동하는 약한 전자기장으로 기술하는 법을 배웠다. 아인슈타인이 끼적거리기 시작할 때 생각하는 것처럼, 전자를 바닷가의 조약돌로, 빛을 끊임없이 부딪치며 밀려오는 요란스러운 파도로 생각한다고 해도 광전효과에 대한 이상한 상황을 설명하지는 못한다. 하지만 특정한 상황에서 전자는 최대 속력이 제한된다. 원자론자들의 성공에 힘입어 입사되는 광파는 실제 어떤 종류의 동일하면서도 불연속적인 덩어리로 구성되어 있다고 생각해보자. 우리가 빛이 물질로 되어 있지 않다는 것을 알고 있기에 이런 덩어리들은 실제 원자나 분자가 될 수 없다. 하지만 한 가지 색깔을 가진 가상의 빛 덩어리들은 각각 같은 에너지를 가진다고 생각해보자. 만약 이들 중 하나가 조약돌 하나에 정면으로 부딪친다면 조약돌은 그 덩어리의 에너지를 모두 흡수하겠지만 그 이상은 아니다. (당구를 치는 사람은 공을 굴려 정지해 있는 공을 정면으로 치면 전체 에너지가 맞은 공에 전달된다는 것을 알고 있다. 하지만 그 이상의 에너지가 전달되지는 않는다.) 이런 생각에서는 전자의 최고 에너지는 존재한다. 우리가 관측하는 그 현상들처럼 말이다.

이 시점에서 아인슈타인은 5년 전 플랑크가 물질이 $e=hf$만한 에너지 꾸러미로 빛을 방출한다는 가설을 맞추려고 마지못해 했던 고문과도 같은 추론을 기억했다. 비록 아인슈타인이 생각했던 광전효과와 연소하는 물체의 플랑크 복사곡선이 관계없는 현상이라고 하더라도, 그들은 둘 다 빛의 성질을 아는 데에 가장 가깝게 다가선 것이었다. 사고 실험을 잘하기로 유명했던 아인슈타인은 흡수된 빛과 방출된 빛에 대해 두 가지 실험이 같은 결과를 도출할 수 있다고 제안했다. 그의 중요한 사고 실험 과정은 물질과 전기에 대한 성공적인 원자론적 가설을 빛의 경우로 확장했다. 덩어리나 꾸러미 또는 양자라고 불렀던 것은 오늘날 광자라고 하는 빛의 '원자'로, 그것은 전자 이후 발견된 두 번째로 중요한 기본 입자였다. 이것은 이후 수많은 기본 입자의 발견 모델을 제공했고, 50년 이상 노력한 끝에 2012년 발견된 유명한 힉스 입자까지 이어지게 되었다.

아인슈타인은 끊임없이 밀려오는 파도에 부딪히는 바닷가의 조약돌을 금속판 속에 갇혀 광자의 흐름을 받는 거의 정지해 있는 전자로 바꾸어 생각했다. 이따금 광자는 전자를 치고 에너지 e를 주고 사라진다. 마치 손바닥 위에서 녹아 없어지는 눈송이처럼. 전자는 나선형 미끄럼틀을 질주하며 지그재그 길에서 주변 원자들과 충돌하다가 마침내 속박에서 벗어나게 된다. 전자는 에너지 e를 가지고 밖으로 나오면서 에너지가 줄어들 수는 있지만, 중요한 것은 이 시점 이후로 강해지지는 않는다는 점이다. 들어오는 빛의 세기가 강해질수록 흡수되는 광자의 수는 늘지만, 각각은 모두 같은 에너지 e를 가지고 있다. 각각의 전자가 흡수한 최대 에너지는 동일하게 유

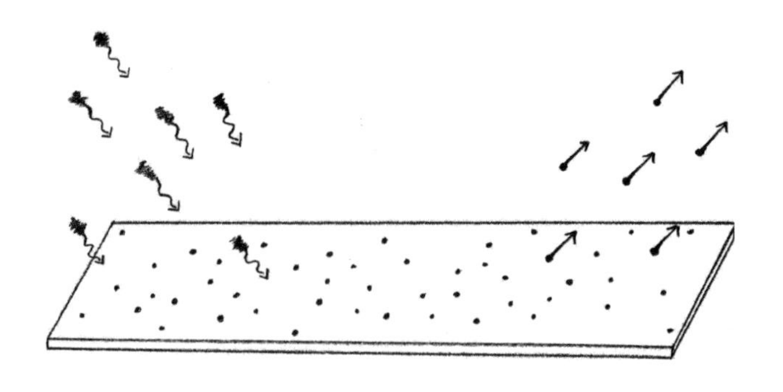

지되며 오직 전자의 수만 늘어날 뿐이다. 이것으로 첫 번째 문제가 해결되었다.

두 번째 문제를 처음 보았을 때 아인슈타인이 흥분했음이 확실하다. 왜 광전효과가 일어나지 않게 하는 최소 진동수, '가장 빨간 색깔'이 존재하는가? 그 대답은 금속에서 양성인 원자핵들의 전기적 인력이 우물 속 개구리처럼 전자를 잡고 있기 때문이다. 광자가 부추기지 않는 한 전자는 벗어날 수 없다. 부추김이 충분하지 않으면 전자는 그냥 금속 안에 머물러 있다. 색깔이 너무 빨갛다면 들어오는 빛의 진동수가 너무 작아 플랑크의 공식에 따라 각 광자의 에너지가 너무 약해 충분히 부추길 수 없다. 각 금속의 최저 진동수 이하의 빛은 아무리 밝아도 금속 밖으로 전자를 나오게 할 수 없다.

거의 정지되어 있는 전자를 때리는 광자의 생각에 근거를 두는 아인슈타인의 광전효과 모델의 유효함을 증명하는 데는 10년 넘게 조심스럽게 행해진 실험이 필요했다. 그러나 그 결과는 빛이 입자로 되어 있다는 생각에 더욱 설득력을 주게 되었다.

빛이 파동으로 되어 있다는 실험적 증명은 아주 간단하고 설득력이 있다. 그 실험은 플랑크와 아인슈타인의 양자가설이 나오기 100여 년 전인 1803년 토머스 영(Thomas Young, 1773~1829)에 의해 처음으로 성공했다.

입자와 명확하게 구분되는 파동의 고유한 특징은 어떤 특수한 상황에서 '상쇄간섭'이라는 것이 있어 서로가 서로를 완전히 없애버리는 경우가 있다는 사실이다. 당연하게도 당구공 또는 구슬이나 어떤 입자에서도 이런 일은 일어날 수 없다. 2개의 동일한 파동이 다른

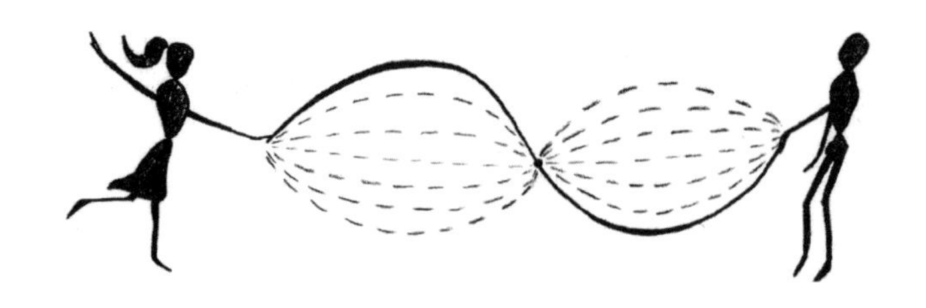

방향에서 와서 같은 지점에 도착했다고 하자. 그러면 '중첩'이라고 해서 두 사진이 겹치는 것처럼 각각이 쌓이듯이 같은 위치를 점유하며 겹치게 된다. 만약 두 파동이 완전하게 보조를 맞추지 않아 한 파동의 마루가 다른 파동의 골과 만나면 그들이 머물러 있는 한 서로 상쇄할 것이다. 파동에 대해 조금이라도 안다면, 상쇄간섭이 일어나 어두운 부분이 생기는 것은 자연에서 흔히 일어나는 일임을 알 수 있다. 파도, 음파, 라디오파, 심지어 지진파와 어린이들의 단체 줄넘기에서도 약해지는 부분을 볼 수 있다.(만약 두 파동이 보조를 맞추어 마루와 마루가 만나거나 골과 골이 만나면 '보강간섭'이라고 하는 현상이 일어나 서로 강화한다.)

양자역학의 산물이기도 한 레이저의 발명으로 빛의 상쇄간섭을 관측하기 쉬워졌다. 유튜브에서 검색창에 '이중 슬릿 간섭 실험(Double-Slit Interference Experiment)'을 쓰고 검색해보면 집에서 하는 광파 실험 목록들을 볼 수 있다. 그중에 하나를 보면, 가는 선 양쪽에 검은색 절연테이프 조각(■|■)으로 이중 슬릿 모양을 만들어 레이저 포인터에 씌운 것을 볼 수 있다. 두 슬릿을 이용해 레이저광선을 벽에 비추면 간섭무늬가 만들어지는 것을 볼 수 있다.[1] 두 슬릿에서 나온 광선은 완벽하게 같은 상황에서 출발한다. 하지만 벽 위의 각 지

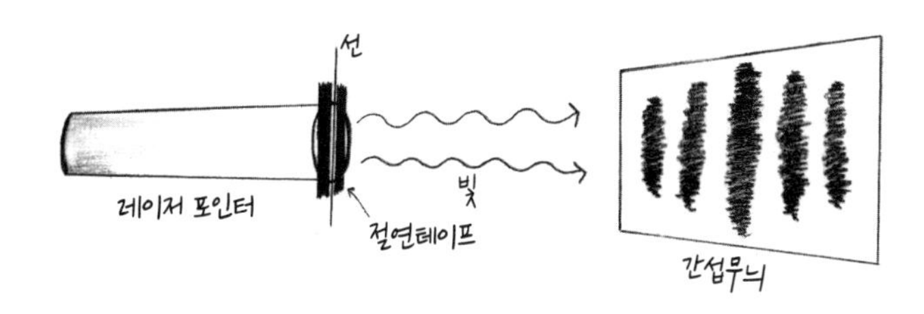

점에서 보면 빛은 서로 다른 광원 2개에서 온다. 두 슬릿에서 각 지점까지 거리가 (한가운데 선을 제외하고) 미세하기 다르기 때문에 벽의 정확한 위치에 따라 파동은 보조가 맞기도 하고 맞지 않기도 한다. 벽에 비친 평행선들을 보면 밝은 부분과 어두운 부분이 번갈아 나오는 모습을 볼 수 있다.

여담이지만, 광원으로서 슬릿을 사용하는 것이 바늘구멍과 같은 작은 구멍을 사용하는 것보다 적절하다. 바늘구멍들을 사용해 분명한 간섭무늬를 만들려면 충분히 작고 가까워야 한다. 이런 한계 때문에 바늘구멍은 구멍을 통해 빛이 충분히 지나가도록 하는 것이 힘들다. 하지만 길이에 제한이 없는 얇은 이중 슬릿을 사용하면 비록 두 광원이 여전히 간격이 좁고 가까이 있지만 많은 빛을 지나가게 하는 것이 쉽고 충분히 크고 좋은 무늬를 많이 얻을 수 있다. 이런 이유로 실험은 대개 바늘구멍 대신에 이중 슬릿으로 하게 된다.

벽, 즉 스크린에 생긴 밝은 선들은 이중 슬릿에서 나온 광선이 서로 보강간섭을 일으킨 부분에 있게 된다. 어두운 곳은 두 광선이 상쇄간섭을 일으킨 부분이며 이것은 빛이 파동으로 이루어져 있다는 것을 증명한다.

실제로 빛이 파동으로 되어 있다는 것을 알면 모든 곳에서 간

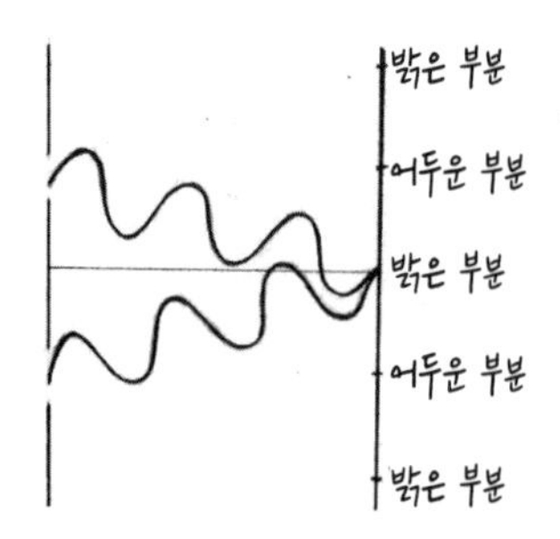

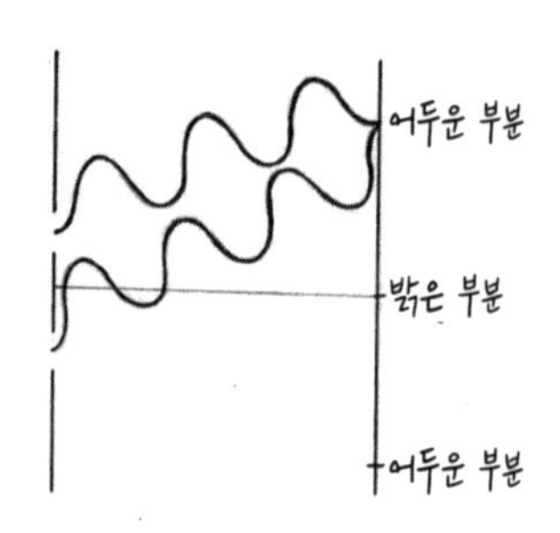

섭 효과를 발견할 수 있다. 예를 들어 간섭은 비눗방울에서 알록달록한 무지개 색깔을 만들기도 한다. 얇은 물의 막으로 된 비눗방울 표면에 빛이 비치면 두 표면에서 반사된다. 안쪽 표면에서 반사된 빛은 물을 지나기 때문에 다소 늦어지고 바깥쪽 표면에서 반사된 빛과 보조를 맞추지 못한다. 보조를 맞추지 못하는 정도는 막의 두께뿐만 아니라 빛의 진동수 또는 색깔에 따라 달라진다.

두 빛이 다시 합쳐져 우리 눈에 도달하면 보조를 맞추지 못한 부분은 상쇄되고 스펙트럼에서 사라진다. 한편 완벽하게 보조를 맞춘 부분은 보강이 일어난다. 따라서 비눗방울 막의 두께 차이에 따라 다른 색깔이 보강되고 거품이 흔들리고 뒤틀리면서 바뀌는 두께에 따라 색깔 변화가 만들어지고 이런 색깔 변화가 알록달록한 무지개 색으로 변하는 비눗방울들을 만들어낸다. 이렇게 흉내 낼 수 없이 화려한 방식으로 자연은 바다의 파도성을 보여주듯이 빛의 파동성을 보여준다.

간섭을 볼 수 있는 또 다른 예들은 많다. 비스듬하게 본 CD, 각도에 따라 달라 보이는 나비의 날개, 해변에서 볼 수 있는 진주 조개껍데기, 비 올 때 아스팔트 위에서 어른거리는 기름띠, 공작의 꼬리깃털에서 반사되는 색. 이런 것들이 모두 빛이 파동이라는 것을 우리에게 말해준다. 자연은 빛이 알갱이처럼 행동하는 것을 쉽게 보여주는 것에 대해 살짝 떨떠름해한다. 그래서 광전효과와 같은 모호한 현상과 아인슈타인의 독특한 상상력이 빛이라고 하는 경이로우면서도 흔한 것의 감추어진 비밀을 끄집어내는 데 필요했다.

그래서 우리는 빛을 어떻게 생각해야 할까? 공간을 통해 빠르게 전달되는 전자기파인가 아니면 유령 같은 입자들의 흐름인가?

3장

파동/입자 이중성

광자는 이상한 괴물이다. 이중 슬릿 실험을 반복해서 수행하면서 도달하는 광자들의 이미지를(종이 타깃이 총알구멍들을 기록하는 방식으로) 기록해보면, 이미지가 점진적으로 형성되는 것과 빛이 두 가지 성질을 나누어 갖는다는, 즉 빛이 파동/입자 이중성을 동시에 나누어 갖고 있음을 관찰할 수 있을 것이다. 빛의 밝기를 계속 계속 줄여 분당 1개 정도의 광자만 방출되게 만들어라. 처음에는 스크린에 아무것도 나타나지 않는다. 그러고 나면 어딘가에 광자의 도착을 알리는 점 1개가 나타난다. 1~2분 정도 지난 뒤 다음 점이 다른 어딘가에 나타난다. 점의 간격은 무작위로 나타난다. 핑 – 잠시 멈춤 – 핑 핑 핑 – 길게 멈춤 – 핑 핑 – 짧게 멈춤 – 핑 핑 핑 핑 등. 오랫동안 점들은 스크린에 무작위로 흩어져 나타난다. 그러나 스크린에 수백 번 나타난 뒤에는 어떤 무늬가 만들어지기 시작한다. 일정한 간격의 공간을 가진, 두 슬릿 방향과 평행한 선들…. 수천 개 광자가 찍힐

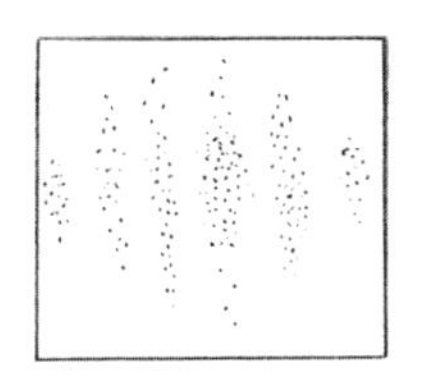
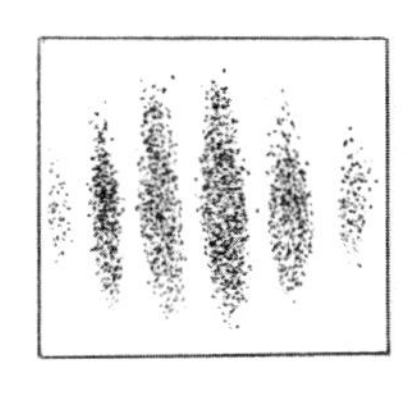

충분한 시간이 지난다면 이중 슬릿의 간섭무늬와 같은 특징이 나타난다.

불연속적 입자들이 점들을 만들지만 점들로 이루어진 선들은 아직 파동의 결정적 증거를 제공하지는 못한다. 당신은 어깨를 으쓱하고 싶어 할지도 모르고 파도가 H_2O(물) 분자라고 하는 수많은 입자로 이루어져 있다는 것을 지적하고 싶어 할지도 모른다. 빛이 파동처럼 또는 입자처럼 행동한다는 것이 뭐 그리 이상한가? 그 미묘함은 타이밍에 있다. 축구 경기장에서 관중의 파도타기 응원처럼 파도는 셀 수 없고, 연주회에서 연주하듯이 각각은 어떤 식으로든 이웃과 연결되어 있다. 그러나 레이저에서 나오는 광자들은 굉장히 긴 간격을 두고 나오기 때문에 그들은 운동을 조정하거나 연결하거나 연락할 가능성이 없다. 분 단위 대신 시간 단위로 도착해도 결과는 마찬가지다. 축구 경기장에서 눈이 멀고 귀가 먼 수만 명의 관중이 파도타기 응원을, 서로 접촉하지 않으면서, 훌륭하게 해내는 것과도 같다. 그것은 마술이다. 그것은 기묘함이다.

20세기 초의 물리학자들이 광자의 파동/입자 이중성을 발견했을 때 당혹스러웠다면 곧 더 큰 충격에 빠졌을 것이다. 1923년이 되면서 그들은 파동이 입자처럼 행동할 수 있다는 것뿐만 아니라 그와 반대로 입자도 파동처럼 행동할 수 있다는 것을 알게 되었다. 즉 입자라고 알려진 전자가 파동처럼 행동하는 것이다. 이 놀라운 주장에 대한 증명은 레이저 광선을 가지고 유사한 방법으로 한 이중 슬릿 실험으로 완전히 나아간다. 레이저는 레이저처럼 강도를 조절할 수 있는 가는 전자 광선으로 대체되었다. 슬릿은 집에서 할 수 있는 빛의 간섭 실험보다 더 가늘어야 하고 두 슬릿 간의 거리는 더 가까워야 한다. 빈 벽 또는 사진 건판이 있던 자리에는, 형광스크린이 놓이게 되어 전자가 때리면 언제든지 빛을 낸다. 하지만 결과는 정확하게 같다. 즉, 점들이 무작위적 간격과 예측 불허한 위치에 나타나지만 점점 평행한 간섭 선들이 완벽한 무늬를 만든다. 이 부분은 5장에서 자세히 다루겠다.

놀라운 역사적 아이러니이지만, 입자/파동 이중성은 양자이론의 기본 토대를 마련하는 데 공헌했던 아버지 – 아들인 두 영국 물리학자에 의해 구현되었다. 당시 실험물리학의 대가 중 한 명인 J. J. 톰슨(Joseph John Thomson, 1856~1940)은 1906년 전기장을 통해 포물선 궤도를 추적하는 과정에서 전자가 입자라는 것을 증명하여 노벨 물리학상을 받았다. 그는 중력장을 통해 날아다니는 골프공의 궤도를 흉내 내는 입자의 궤적을 통해 이와 같은 결과를 얻었다. 31년 뒤 그의 아들 조지 패짓 톰슨(George Paget Thomson, 1892~1975)은 아버지 발자취를 따라 상쇄간섭을 증명함으로써 전자가 파동이라는 것을 증명했다. 훌륭한 작가이기도 했던 아버지는 이 딜레마를 "'물리학의 파동/입자 이중적 관점'은 호랑이와 상어의 관계처럼 각자는 자기의 영역에서는 최고지만 반대 영역에서는 힘이 없습니다"라고 표현했다. 광자 또는 전자를 입자라고 생각하면 이중 슬릿의 간섭 효과를 설명할 수 없다. 또 그들이 파동이라고 생각하면 광전효과 또는 전자의 포물선 궤도를 설명할 수 없다. 파동설과 입자설은 서로 양립할 수 없는 것처럼 보인다.

J. J. 톰슨이 두 이론에 대해 호랑이와 상어처럼 근본적으로 다르다고 비꼰 것은 광자와 전자가 둘 다 다른 상황에서 다르게 관측된다는 점을 묘사하려는 것이었다. 이런 설명은 진정한 이해에 대한 허기를 채워주지 못한다. 물리학의 목적은 단지 물질 우주의 모든 대상과 모든 사건에 대해 설득력 있는 이야기를 하는 게 아니고 자연을 묘사하기 위한 일관성 있는 이론, 즉 하나의 서사시를 만드는 것이다. 호랑이와 상어의 경쟁을 처음으로 부추긴 아인슈타인보다 통합에 열정을 지녔던 사람은 아무도 없었다. 빛의 입자성을 주장한 지 4년 후 그리고 양자역학이 탄생하기 16년 전인 1909년, 그는 독일 물리학자 모임의 강연에서 다음과 같이 예언했다. "나는 이론물리학 발전의 다음 단계는 '파동설'과 '입자설'이 융합된 빛의 이론을 가져올 것이라고 믿습니다." 아인슈타인은 비록 양자역학이 제공하는 결과에 끝내 만족하지 않았지만 필요한 것이 무엇인지는 정확하게 알고 있었다.

파동/입자 이중성 문제는 쉽게 눈에 띈다. 파동과 입자는 우리가 매일 눈으로 보는 거시적인, 즉 원자 영역에 대해 설명하기 불충분한 뉴턴물리학적 관점에 있는 범주에 속한다. 광자는 파도나 총알 같지 않다. 전자도 마찬가지다. 그들은 확실히 파동성과 입자성을 가지고 있지만 그 어느 쪽의 모든 특성을 다 가지는 것은 아니다. 그들이 왜 그래야 하지? 이상한 나라의 앨리스처럼 기본 입자들이 그들 환경에서 어떻게 행동하는지 볼 수 있을 만큼 우리가 원자 크기로 줄어들 수 없다. 우리가 할 수 있는 최선은 실험실의 모든 관측을 논리적으로 설명할 수 있는 일관된 그림을 그릴 수 있게 우리 상상력을 이용하는 것이다.

'파동성'과 '입자성'을 중재하기 위해 전자를 '웨비클(wavicle)'이라고 하자고 제안됐었지만, 다행스럽게도 어울리지도 않고 충분하지도 않은 이 말은 더 퍼지지 않았다. J. J. 톰슨의 동물 비유(호랑이와 상어)에 자극을 받은 내 친구 랄프 윈터는 더 생생하게 전자를 오리너구리에 비유했다. 18세기 탐험가가 오스트레일리아에서 오리너구리 표본을 처음 가져왔을 때 유럽 대학교의 유명한 박물학자들은 다른 동물의 몸체 일부를 꿰맨 위조품이라고 단언했다. 그들은 "포유류는 알을 낳지 않습니다", "파충류는 새끼에게 젖을 먹이지 않습니다"라고 말했다. "포유류와 파충류의 성질을 둘 다 가진 동물은 존재하지 않기" 때문에 이것은 거짓말이라고 못마땅해하며 헛기침을 했다. 하지만 제한된 관찰에 근거하여 만들어낸 생물 분류 체계가 지구 생명의 다양성을 기술하는 데 불충분했다. 오리너구리와 비슷하게 광자와 전자는 파동처럼 행동할 수 있는 입자이며 입자처럼 행동하는 파동이라는 것이다. 오리너구리처럼 전자와 광자는 우리가 만든 생물 분류 체계를 무시한 것이다.

'웨비클' 같은 쓸모없는 말을 발명하거나 이국적인 동물을 비교하는 것을 넘어서 더 진전하려면 좀 더 근본적인 접근이 필요하다. '파동설과 입자설의 융합'은 아인슈타인의 1909년 예언 이후 1925년 양자역학이 탄생하기 전까지 아무 대답이 없었다. 하지만 해결의 실

마리는 열심히 발돋움하고 있었다.

1913년 덴마크의 물리학자 닐스 보어(Niels Bohr, 1885~1962)는 원자 내부의 모습을 나타내는 성공적인 모형을 처음으로 그렸다. 단순한 데서 시작하려는 물리학자들의 오랜 경험으로 얻은 유용한 습관에 따라 그는 주기율표의 첫 번째이자 가장 가벼운 원소인 수소에 주목했다. 그는 태양계의 대담한 비유에 고무되어 태양 주위를 도는 지구처럼 중심에 있는 원자핵 주위를 도는 전자 1개를 기술했다. 반지름이 플랑크 상수 h의 크기와의 곱으로 정해진 확실한 불연속적 궤도만 용납했다. 플랑크-아인슈타인 방정식 $e=hf$ 에 따라 주어지는 에너지를 가진 전자가 가능한 궤도의 사다리 가로대를 통해 뛰어오르는(또는 뛰어내리는) 광자에 따라 원자는 에너지를 흡수(또는 방출)한다.

이런 결과로 만들어진 모델은, 원 궤도뿐만 아니라 타원 궤도를 포함하도록, 특수상대성이론의 규칙을 따르도록, 또 수소보다 더 복잡한 원자들을 기술할 수 있도록 발전했다. 결국 원자의 '보어 모델'은 과학에서 매우 잘 알려진 것 중 하나가 되었다. 따라서 중심의 점 1개에 전자 3개를 타원 궤도 3개 모양으로 나타낸, 짐작건대 주기율표에서 세 번째 원소인 리튬을 나타낸 이 원자의 모양은 어디서나 흔히 보게 되었다.

끊임없이 변형된 모습으로 만들어지는 이 작은 아이콘은 범우주적으로 원자를 표현하며 최신의 기술 업계, 정부기관, 각종 소비재들의 로고에 응용되고 있다. 이 아이콘은 〈빅뱅이론(The Big Bang Theory)〉이라는 시트콤에서도 볼 수 있으며, 치약이나 두뇌집단 등 세계 도처에서 영향력을 발휘하고 있다. 이 로고가 주는 메시지가 워낙 단순하고 확실하기 때문에 고등학교 수업에도 나오고, 대다수 국민에게 원자의 구조를 이해시키는 데도 이용된다.

하지만 이것에는 불행하게도 근본적인 결함이 있다.

이로부터 6년 후인 1919년 보어 자신은 이 모델이 그 당시의 원자 내부에서 전자가 어떻게 행동하는지에 대해서도 제대로 해석하지 못했기 때문에 보어 모델을 부인해야 하는 처지에 놓이게 되었다. 보어 모델은 수소 원자핵(또는 양성자라고 알려진)의 궤도로 수소 원자에서 전자 경로 1개를 기술한다. 결과적으로 원자의 구조는 팬케이크처럼 평평하지만 다른 입자와 상호작용을 통해서 보송보송한 솜털 공을 닮은 것을 알 수 있다. 이 로고의 더 큰 문제점은 전자가 '보어 반지름'이라 부르는 궤도의 반지름만큼 핵에서 항상 떨어져 있다는 사실이다. 하지만 실험 결과 원자 내에서 탐지되는 전자를 보면, 전자는 표면뿐만 아니라 솜털 공 안 어디에서나 발견된다. 가장 지독하고 용서할 수 없는 것은 이런 기술적 결함보다 보어 모델에 있는 근본적 결함이다. 이 모델은 선명하고 명확한 궤적을 근거로 전자의 입자성에만 집중하여 전자의 파동/입자 이중성을 무시했다.

보어 모델은 경로의 각 지점에서 입자의 속도뿐만 아니라 위치를 정확하게 예측할 수 있는 뉴턴물리학의 100년 동안 잊힌 행성 궤도로 후퇴한 것이다.

그럼에도 생생한 그림을 떠올리게 하는 능력 때문에 보어 모델은 걱정될 정도로 대중 과학의 상상력을 사로잡았다. 이것은 100년 동안 원자물리학에서는 아무것도 변하지 않았다는 것을 암시한다. 다른 기초과학에서는 이런 인상을 주는 것이 없다. 우주의 가속 팽창 그리고 '암흑 물질'과 '암흑 에너지'라 부르는 수수께끼 같은 숨가쁜 새로운 발견의 연속이었던 우주론도 이런 인상을 주지 않는다. 매일매일 멀리 떨어져 있는 천체의 광원색으로 놀라운 이미지를 보게 하는 천문학도 이런 인상을 주지 않는다. 뇌의 구조에 대한 누적된 지식과 인간 게놈의 미묘함, 상상할 수 없는 진화의 산물을 보여주는 생물학도 이런 인상을 주지 않는다. 범우주적인 원자의 아이콘은 이제 주차장을 표시하기 위해 말과 마차를 그리거나, 공항 가는 길을 알리기 위해 라이트 형제의 비행기 그림을 그리는 것처럼 구식이 되었다.

보어 모델은 양자역학의 발전에 중요한 단계였지만 그 유효성은 이미 끝났다. 비록 파동/입자 이중성이 그 노력을 복잡하게 하겠지만 21세기를 위해 아이콘을 새로 교체하는 것이 가치 있는 도전처럼 보인다. 아마도 1925년 탄생한 양자역학의 100주년을 기념하기 위해 2025년 아이콘 교체 공모전이 만들어지지 않을까.

4장

파동함수

물리학의 목적은 무생물 세계에 일어나는 일을 설명하는 것이다. 처음에는 철학자들이 밤하늘을 가로지르는 아름다운 행성들, 얼음의 구조 또는 수금(lyre)의 소리 등 실재하는 물체의 특징을 묘사했다. 이후 눈으로 쉽게 볼 수 없거나 측정할 수 없는 물질로 주의를 기울이게 되자 물리학자들이 실재하는 물질을 대신하는 역학적 모델을 창안하기 시작했다. 고대 그리스 원자론자들은 연속적 물질로 되어 있는 공간을 움직이지만 보이지 않는 입자로 대체했으며, 막스 플랑크는 연소하는 기체 구 안에 있는 수많은 진동자를 보았고, 닐스 보어는 수소 원자의 구조를 미세 태양계처럼 생각했다.

결국 역학적 모델들도 실패했다. 그들은 적절히 버려졌고 좀 더 추상적이고 수학적인 모델로 대체되었다. 전임자들과 비교해보면 수학적 모델은 더 스파르타식이었다. 그 모델은 방정식과 공식으로 이루어져 있고 촉감, 색깔, 시각적 디테일이 없다. 그로 인해 이

전 모델들의 역학적 관련성은 없다.(멋진 인형 가게, 모형 배, 모형 비행기 가게를 누가 그냥 지나쳐 갈 수 있을까?) 수학적 모델은 참신성이 떨어져도 일반성이나 예지력으로는 충분히 만회한다. 뉴턴의 만유인력 법칙이 자연 현상[1]을 수학적으로 묘사하는 대표적 예로 수백 년간 군림했다. 그것은 보이지 않는 입자에 대한 역학적 설명 또는 전우주적인 유체의 소용돌이가 중력의 원인이 되는지를 설명하려고 하는 등의 맨뼈에 살을 붙이려고 했던 물리학자와 물리 애호가들의 헛된 노력들을 이겨냈다. 그리고 천문학적이고 전지구적인 엄청난 정보는 그 메시지를 읽는 방법을 아는 사람들이 풀 수 있는 8개 기호로 압축되었다.

원자론을 더 발전시켜야 했을 때 전통적인 방법들은 부적절하다고 알려졌다. 원자의 최외각에 있는 전자들의 궤도와 속력은 알기 어렵고, 원자들은 입자처럼 보이는 광파를 방출했다. 광파는 입자처럼 방출했고 전자는 파동처럼 행동했다. 그렇게 원자물리학은 상황이 복잡해져 갔다.

역학적 모델이 파동/입자 이중성을 확실히 설명할 수 없다는 사실을 깨달았을 때, 몇 안 되는 독창적인 물리학자들은 수학적 모델로 돌아섬으로써 사람들을 양자혁명 속으로 안내했다. 그들의 목적은 원자물리학이 보여주는 이상한 사실들을 수학적 언어로 파악하는 것이었다. 근본적인 실체의 생생한 묘사에 의지하지 않는 이것은 대담한 움직임이었고 많은 동료가 받아들이기 어려워했다. 하지만 양자 현상의 수학적 모델은 극적인 결과를 낳았다.

대상을 묘사에서 분리하는 것은 대도약이었다. 양자역학 창안자들은 "전자 자체를 보려고 하지 말라"라고 경고하고 때로는 많은 말로 암시했다. "전자처럼 행동하는 장치는 상상조차 하지 맙시다. 그 대신 실험실에서 전자가 어떻게 행동하는지 예측할 수 있는 수학적 방정식을 찾읍시다. 수학은 어떤 것도 파동이나 입자 또는 심지어 오리너구리처럼 보지 않을 것입니다." 그리고 그들은 성공했다.

그런 방식의 성공은 에르빈 슈뢰딩거(Erwin Schrödinger, 1887~1961)가 만든 '파동함수'라고 하는 공식이었다. (이 철자는 낱말과 낱말을 연결한 wave function에서 하이픈으로 연결한 wave-function으로 발전했고, 그다음에는 독일어 어법 형식에 맞춰 wavefunction으로 사용하게 되었다.) 파동함수는 양자 체계의 특성을 부호화할 뿐 아니라 그 체계에서 일어나는 특별한 실험의 기본 사항들도 포함한다. 단지 하나의 파동함수만 있는 것이 아니라 다른 모든 실험마다 독립된 파동함수를 가지게 된다. 대부분의 파동함수는 그래픽적으로 파동과 전혀 유사하지 않다. 오직 그 이름만은 양자 체계가 공통으로 가지고 있는 하나의 중대한 결정적 특성을 상기해준다. 그 특성은 중첩 그리고 보강 또는 상쇄 간섭의 가능성인데 이것은 두 파동이 한 지점을 동시에 차지하거나 서로 보강하거나 상쇄하는 경우다.

파동함수의 수학적 모양은 $E=mc^2$ 또는 $e=hf$보다 훨씬 복잡하다. 그래서 파동함수의 예를 들어 보여주지 않을 것이다. 하지만 파동함수에 대해 이야기할 수 없다는 의미는 아니다. 당신이 음악을 즐기기 위해 악보를 읽지 않아도 되는 것과 같다.

태양계를 축소한 보어의 수소 원자 이미지보다 더 대담한 유추는 파동함수의 구성에 영감을 주었다. 고전물리학자를 난처하게 한 원자물리학의 문제 중 하나는 원자의 에너지가 불연속적이라는 것이었다. 어떤 거리의 궤도에도 있을 수 있고 임의의 에너지를 가질 수 있는 지구의 위성과 달리 전자들은 원자 안에 구축되어 있고 유한하며 불연속적인 에너지값을 가지고 있다. 그런 제한은 어디서 왔을까?

마법 같지만 연속체의 불연속적인 값이 나타나는 가장 좋은 예는 음악이다. 옛날부터 수금, 드럼, 플루트 등의 악기는 기본음과 더불어 배음을 만들 수 있다는 사실이 알려져 있었다. 파동이 공간적으로 제한된다면 즉, 줄의 길이가 고정되거나, 북의 크기가 원형이고 플루트의 내부가 움푹하다면, 단지 소음을 기대한 곳에서 순수한 음높이로 소리를 내게 될 것이다. 피치(pitch)는 악보가 나타내는 음파의 진동수에 대응하고 음악은 개별 진동수들의 조합으로 만들어진다. 이제 질문은 이것이다. 원자가 플루트를 닮지 않았다는 사실을 고려하여 플루트가 공기 진동을 제한하는 동안, 악기에서 잘 알려진 '진동수'의 불연속성이 원자 안에서 '에너지'의 신비한 불연속성을 설명하는 데 어떻게 도움이 될 수 있을까?

물론 대답은 양자이론의 최초 선구자들이 했다. 에너지와 진동수 사이의 근본적 연결은 그 유명한 플랑크–아인슈타인의 관계식 $e=hf$로 표현된다.

양자역학의 창안자들에 대한 도전은 그들로 하여금 악기를 통해 만들어진 음파의 잘 알려진 에너지 공식 즉, $e=hf$에 의해 불연속적인 진동수를 가진 파동의 수학적 공식을 찾는 것이었다. 이런 공식으로 원자 자체를 묘사하는 것뿐만 아니라 에너지 준위의 관측 가능한 값을 예측할 수 있다. 에르빈 슈뢰딩거가 결국 수학적인 방정식의 해를 푸는 과정을 알아내게 되었고, 파동함수를 발표했다.

양자이론은 파동함수를 만들고 그들에서 나오는 측정 가능한 결과를 예측하는 과학으로 생각할 수 있다. 시간이 지남에 따라 정교한 기술이 발전하게 되었으며, 처음에는 계산자(slide rule)[2]의 도움을 받고 나중에는 컴퓨터의 도움을 받게 되었다. 이런 방식으로 연구한 시스템은 각각 입자와 원자에서 입체적 물질 그리고 별의 내부 심지어 전체 우주로 확장되었다. 지금까지 양자역학은 모든 실험에서 성공적으로 검증되었다.

양자역학적으로 취급한 첫 번째 시스템은 원자나 전자가 아니라 조화 진동자였다. 양자역학의 수학적 기술은 오직 질량과 고유하고 변함없는 진동수만 포함한다.(용수철의 세기는 질량을 가진 물체를 정지 상태로 되돌릴 수 있는 힘으로, 질량과 진동수라는 두 가지 양으로 구할 수 있다. 그래서 명시적으로 구할 필요가 없다.) 예상대로 양자역학의 특징인 플랑크 상수 h는 계산에서 중추적 역할을 한다. 막 갈라진 협곡의 그림에 미터자 하나를 사이드에 놓아서 지질학자가 크기를 가늠하듯이 플랑크 상수 h는 스케일을 나타낸다.

이론적 실험 대상으로써 진동자는 굳어진 단순성이라는 이점이 있지만, 20세기에는 양자역학의 효과를 보여줄 정도로 충분히 작은 실제 질량과 용수철 진동자가 없다는 사실이 그 결점이다.[3] 양자역학적 계산은 수소 원자의 기술과 같은 더 어려운 프로젝트에 대한 준비와 연습을 제공했는데, 빠르게 수행되었고 실험 결과들과 잘 일치했다. 역학적 진동자도 보통 뉴턴역학으로부터 벗어난 양자역학의 특이한 모습들을 잘 보여준다.

조화 진동자의 에너지들이 $e=hf$의 배수라는 플랑크의 자포자기식 추측은 정확하지는 않지만 거의 맞는 것으로 판명되었다. 놀랍게도 허용된 에너지 계단은 바닥상태 준위에서 출발하지 않는다. 그 대신에 가장 낮은 에너지는 1/2양자이고, 허용된 에너지는 $e/2$의 홀수배 즉, $3e/2$, $5e/2$, … 이다. 특정한 진동자가 얼마나 많은 에너지를 방출 또는 흡수하는지 결정하는 에너지 준위들 사이의 차이가 실제로 e의 배수였기 때문에 플랑크에게는 행운이었다. 진동자가 방출하거나 흡수하는 에너지는 정말로 e의 정수배이다. 그것이 그의 추론에 필요한 전부다. 양자 진동자는 말하자면 $46.7hf$라는 에너지는 방출하지도 흡수하지도 못한다. 이것은 식료품점에서 현금으로 46.7센트를 지불하거나 거슬러 주지 못하는 것과 같다. 도저히 할 수 없는 일이다. 에너지를 만들지 못하게 하려고 진동자를 없애버리려 한다면 당신은 실패할 것이다. 진동자는 천방지축인 아이처럼 절대 가만있지 않는다. 그래도 h가 너무 작아서 포기할 수 있는 모든 에너지를 빼앗긴 후 진동자의 잔류 진동은 탐지하기 어렵다. 그럼에도 실험적 증거는 양자역학의 이 독특한 예언을 확증한다.

게다가 에너지의 양자화, 파동함수는 중첩을 내포한다. 고전물리학에 따르면 물체의 위치와 속도는 항상 정확하게 정의된다. 그에 반해 진동자 또는 물질의 경우 입자의 파동함수에서 표현하는 위치와 속도는 전 영역에 걸쳐 퍼져 있다. 따라서 중첩, 즉 동시에 다른 값을 가질 수 있다. 나는 양자의 위치와 속도가 퍼질 수 있다고 주장하지 않았다. 정확하게 말하면 파동함수에서 표현하는 위치와 속도가 퍼질 수 있다고 이야기했다. 이것은 아주 중요한 차이다. 그리고 이에 대해 좀 더 이야기할 것이다.

파동함수는 어떤 면에서 지도와 같다. 가장 좋은 지도 말이다. 파동함수는 양자 시스템에 대한 모든 것을 다 표현한다. 나는 여기서 보통 지도에 포함된 정보는 종이나 지구의에 도표로 보여줄 필요가 없다고 말하는 것이다. 예를 들어 도로지도에는 도시 간의 거리와 소요 시간을 표시한 도표가 포함되어 있다. 문제를 단순화하기 위해 스프레드시트에 있는 거리들은 실제 고속도로를 이용할 때 거리가 아니라 '새가 날 듯이' 직선을 따라 갈 때 측정된 거리라고 하자. 미국의 1만 개 이상 마을로 확대해서 이런 표를 만든다고 생각해보라. 이론상 스프레드시트로부터 보통의 전체 지도를 다시 만들기는 쉽다. 페이지 중간을 세인트루이스라고 하고 오른쪽 여백 근처를 뉴욕이라고 하고 도표(스프레드시트) 위에서 둘 사이의 거리를 찾아보자. 이제 축척을 알고 있다. 지도상의 1인치가 몇 킬로미터에 해당하는지 스프레드시트에서 그 두 도시와 마이애미 사이의 거리를 찾아보자. 그리고 인치로 바꿔라. 그러면 삼각형의 세 변이 결정된다. 그렇게 해서 마이애미의 위치를 알게 될 것이다. 전체 지도를 모으기 위해 다른 마을로 계속 넓혀보라. 천문학자들은 세 번째 방법을 이용해서 지도를 기록한다. 도표나 지구의에 의지하지 않고 별 수백만 개의 좌표를 목록화한다. 지도, 도표, 목록들은 같은 자료들을 기록하는 데 쓰인다. 비록 그들이 다르게 보여도 여러 가지 목적으로 그들은 같다. 같은 방법으로 파동함수에 포함된 정보는 공식, 도표(스프레드시트), 목록의 수 또는 그림 등을 이용해 보여줄 수 있다.

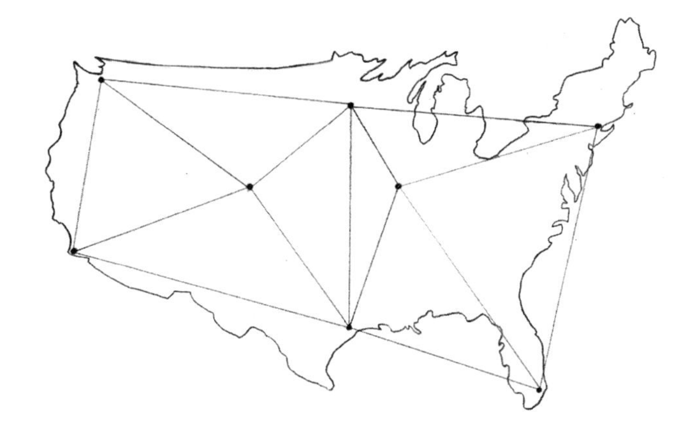

진동자의 첫 번째 양자역학적 기술은 사실상 수학자들이 행렬이라 부르는 스프레드시트로 쓰였다. 행렬은 결국 수학적으로 파동함수와 동등하다는 것이 바로 증명되었다. 후자가 전자보다 쉽기 때문에 나는 대부분을 파동함수로 고집할 것이다.

사람들 심지어 몇몇 물리학자도 매우 빠지기 쉬운 함정 중 하나는 양자역학의 퍼즐을 풀 때 물체와 표현 사이의 차이를 잊어버리는 것이다. 철학자 알프레드 코르지브스키는 "지도는 영토가 아니다"라는 격언을 만들 때, 다른 문맥으로 특별함을 표현했다. 이 말은 물체 묘사가 물체 자체와 같지 않다는 명백한 사실을 상기해준다. 실체는 실체의 모델과 같지 않다. '집'이라는 말은 이제 더는 실제 벽돌집과 같지 않다. 코르지브스키는 지도가 영토와 혼동될 때 일어나는 피해를 경고했다. 양자역학에 응용하면, 그의 말은 양자역학의 몇몇 기묘도가 자연에 존재하는 것이 아니라 파동함수에 존재할지도 모른다는 의심을 불러일으킨다. 지도가 이상한 거지 영토가 이상한 건가?

우리는 어렸을 때 거리 지도와 거리 지도가 나타내는 아스팔트와 콘크리트 사이의 관계를 파악하면서 거리 지도를 읽는 법을 배운다. 우리가 고정된 작은 2차원적 그림을 통해 조사하고 그 넓이로 우리를 둘러싼 복잡한 3차원적 세계를 파악하고자 할 때 혹은 역으로 우리 앞에 펼쳐진 복잡한 실제 세상의 간단한 도면을 그릴 때 무슨 생각을 할까? 몇몇 사람들은 지도와 영토를 비교하는 과정이 너무 어려워 결코 그 요령을 깨닫지 못한다. 자동차의 GPS 화면처럼 움직이는 것을 추가하는 것으로 일부 사람들은 더 혼란스러워한다. 양자역학을 이해하는 데도 이와 유사한 장벽이 방해하고 있다. 양자역학의 세계에서는 슈뢰딩거의 파동함수가 이론물리학자의 노트북에 만들어진 지도와 같다. 그것이 지도와 같다면 정확히 무엇이 그려져야 할까? 그것이 실제 원자의 모습과 어떤 관계가 있을까?

5장

물리학에서 가장 아름다운 실험

파동함수는 양자 시스템에 대한 정보를 표현하는 기본 공식이다. 양자 진동자의 파동함수는 불연속적 에너지를 저장하고 있는 작은 기계와 같다. 얼마나 세게 치느냐에 따라 달라지는 모호한 에너지를 가진 보통의 소리굽쇠와는 다르다. 수소 원자의 파동함수는 에너지가 불연속 계단 또는 준위에 제한되지만 그 준위는 진동자의 에너지 준위보다 훨씬 더 복잡하다.[1]

게다가 파동함수는 예측할 수 있는 에너지 준위 말고도 양자 시스템에서의 셀 수 없이 많은 실험 결과를 예언한다. 양자역학의 효율적이며 수학적인 방법들은 측정과 관측 결과를 계산하는 데 적합한 장치와 설명할 수 있는 파동함수를 만드는 방법을 포함한다. 하지만 기술적 문제로 방해받는 대신 모든 소동, 즉 원자의 파동/입자 이중성을 일으킨 미스터리로 돌아감으로써 파동함수의 의미를 파악하려고 노력해보자. 파동함수가 어떻게 이 수수께끼를 해결하는지 살펴보자.

물리학자들이 총알과 전자처럼 아주 다른 발사체들의 비행을 어떻게 기술하는지 비교해보자.

먼저 총알이다. 간단하게 하기 위해 중력과 공기의 저항은 무시하자. 총알이 총구를 떠나면 총알에 전해지는 힘은 더 존재하지 않는다. 뉴턴의 운동 법칙에 따라 총알은 목표를 맞출 때까지 일정한 속도를 가지고 직선으로 계속 날아갈 것이다. 목표는 나무로 만들어져 있다고 가정하자.[2] 그러다가 갑자기 제동력과 마주하면 다시 운동 법칙에 따라 멈출 때까지 속도가 줄어든다. 총알이 멈춘 뒤에는 모든 방향으로 쪼여지지만 알짜힘은 0이고 정지 상태를 유지한다. 여전히 뉴턴의 법칙을 따른다.

발사의 정확도는 사수와 장비에 의존한다. 전설적인 명사수 애니 오클리는 하늘로 던진 10센트짜리 동전을 정확하게 맞혔다고 한다. 오늘날에는 정교하고 엄청나게 비싼 장비들, 레이저, 렌즈, 노트북 등의 도움을 받아 아마추어도 그녀를 이길 수 있다. 고전물리학은 사격술에서도 한계가 없음을 알려준다. 만약 발사 지점에서 총알의 위치와 속도를 특정 한계 이내로 결정할 수 있다면 탄착 지점에서도 해당 한계 이내로 예측할 수 있다. 실제로는 그렇지 않지만 이론상으로는 정확도는 완벽할 수도 있다. 충분히 좋은 총과 뛰어난 시력에 손이 떨리지 않는다면 애니는 동전의 정해진 부분을 명중할 수 있다.

자, 이제 전자 차례다. 전자는 '전자총'이라는 장치에서 쏜다. 이 무기가 집에 있는 사냥총보다 더 흔하게 사용되었다는 사실을 아는가? 전자총은 예전 텔레비전(브라운관 텔레비전)의 화면 뒤쪽에 숨겨져 있던 기본 부품이었다. 하지만 요즘에는 텔레비전이 주로 평면 화면으로 되어 있어 전자총을 보기가 어렵다. 앞서 언급한 중력과 공기 저항을 무시하고 총에서부터 전자가 멈추면서 점으로 보이는 전자의 경로를 생각해보자.

양자물리학자는 전자를 직접 추적할 수 없다. 그 대신에 파동함수를 계산한다. 이렇게 하려면 그는 전자총의 기하학적인 세부 사항들뿐만 아니라 전자총을 떠난 전자의 속도도 알아야 한다. 원자에서 조화 진동자와 전자의 파동함수와 달리, 파동함수에 대한 그래픽적 표현은 총에서 내뿜어져 화면을 향해 날아가는 파동과 실제로 유사하다. 물에 떨어진 돌이 만드는 파동처럼 화면을 향해 전자가 날아가면서 파동함수는 퍼진다. 전자가 화면을 치면 기적이 일어난다. 파동함수가 갑자기 그리고 불가해하게 화면 위의 한 점으로 붕괴된다. 화면을 치기 직전까지만 해도 파동함수는 공간상에서 넓게 퍼져 있었지만, 화면을 친 후 파동함수의 수치는 전자가 도착해서 찍힌 아주 작은 점을 제외하면 모든 부분에서 무시할 수 있을 정도로 작다.

'파동함수의 붕괴'라고 부르는 이 현상은 파동함수의 의미를 알려준다. 이 결함이 다음 장에서 다루게 될 양자역학의 기묘도다.

만약 전자총이 계속 쏘아진다면 화면 위에 각각의 점들로 구성된 무늬가 그려질 것이다. 이 무늬는 파동함수의 의미를 이해하는데 결정적 실마리를 제공한다. 전자가 도착해서 찍힌 점들은 무늬 안의 무작위 위치에 도착한 자국이 생기게 된다. 무작위는 근거가 없는, 예측할 수 없는 제멋대로라는 뜻이다. '무작위'라는 이 작은 단어가 보통 고전역학과 양자역학의 차이점을 묘사한다.

물론 애니 오클리는 놀라지 않았을 것이다. 대기 조건, 총의 특성, 심장 박동 등에 적응하고 매번 동전을 명중하겠지만 그녀의 명중점은 목표 면에 무작위적으로 분포되어 있다. 그녀는 "이보다 더 좋은 방법은 없다"라고 믿었겠지만 고전물리학자들은 총알의 경로가 원하는 수준으로 정확도를 올릴 수 있다고 주장한다. 전체 시스템의 세부 사항이 원하는 정확도를 제공한다. 고전물리학에서는 세부 사항의 무시나 통제력 결여가 '애니 오클리의 무작위성'이라고 하는 통계적 무작위성을 야기한다. 이론상, 비록 실제는 아니지만, 무작위성은 고전물리학에는 없는 것이다. 예를 들어 동전 던지기는 완전히 무작위적이지만 동전 던지기 기계는 예측할 수 있다. 애니 오클리의 무작위성은 절대적으로 제거되는 것이 아니라 당신이 원하는 만큼 완벽에 가까울 정도로 제거될 수 있다.

이에 비해 어쩔 수 없이 전자총의 무작위성은 피할 수 없다. 총의 차원과 전자들의 속력 간의 적절한 오차범위가 실험 묘사에 포함된 후에 파동함수의 분산은 어쩔 수 없는 무작위성의 부가적 근원을 부과한다. 양자역학 초기에 이 양자의 무작위성을 물리학계에서는 받아들이기 어려웠다. 아인슈타인은 결코 그것과 타협하지 않았다. 그가 오랫동안 그리고 대성공을 거두는 동안 배운 모든 물리학과는 반대되었기 때문이다. 그것은 그에게 미심쩍은 것이었고 그의 예리한 과학적 직관력은 거의 실망시킨 적이 없었기 때문에 그가 탄생하는 데 놀라울 정도로 기여했고 엄청난 성공을 거두고 있는 양자역학에 반대 목소리를 냈다. 그의 천재적인 반대들은 그가 죽은 후

몇 년 동안 물리학자들이 잘못되었다는 것을 입증해야 하게 했다. 그들은 성공했다. 실제 무작위성은 존재했다. 그러나 그의 충실한 추종자 중 몇몇은 아직도 그가 맞다는 것이 입증되기를 원한다.

양자 무작위성('기본' 무작위성 또는 '고유' 무작위성이라고 함)은 물리학의 주춧돌이었던 법칙인 아리스토텔레스의 인과법칙을 위반한다. 모든 결과에는 원인이 있게 마련이다. 보통 원인이 무엇인지 알기가 어렵지만 그래도 존재할 것으로 추측한다. 따라서 만약 애니 오클리의 총알이 10센트짜리 동전의 Y가 아닌 L을 맞췄다면 우리는 충분한 노력으로 오차의 정확한 원인을 찾을 수 있다고 생각한다. 한편 전자는 이런 가능성과 완전히 다른 양자 법칙을 따른다. 아인슈타인과 같은 고전물리학자에게 인과법칙을 거부하는 것은 물리학 자체의 정신을 아무 쓸모없는 것으로 만드는 것과 마찬가지다. 우리는 큐비즘이 물리학을 고유 무작위성을 용인하면서 더 탄력 있는 기반 위에 어떻게 올려놓는지 발견하게 될 것이다.

전자총으로 만들어진 점들은 파동함수의 의미를 이해하는 방법을 알려준다. 만약 찍힌 점들이 완전히 예측 불가능하다면 전체 화면에 불규칙적인 별자리 모양을 이룰 것이다. 우리는 전자의 경로에 대해서는 전혀 알지 못한다. 하지만 우리는 사실상 아주 많은 것을 알고 있다. 대칭의 중심에 점들이 집중되어 있고 중심에서 벗어날수록 점들의 밀도가 줄어드는 상황은 파동함수가 정확하게 기술하고 있다. 따라서 전자총은 부분적 지식과 섞여 있는 무작위성의 예를 보여준다.

이렇게 섞여 있는 것이 과학의 법칙이다. 절대적으로 확실한

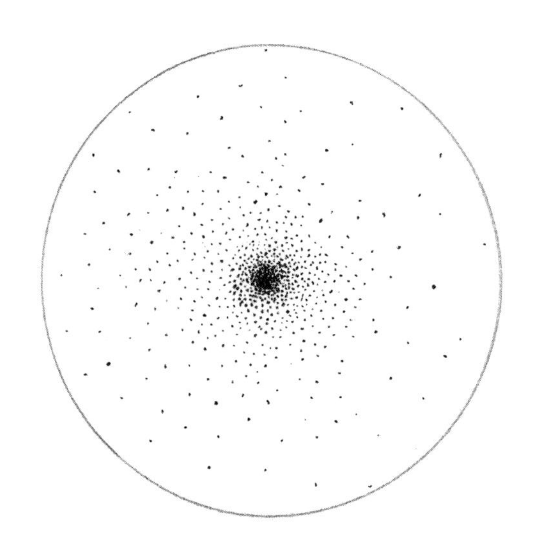

지식과 완전한 무지는 예외다. 예를 들어 오차는 모든 물리학적 측정에서 생긴다. 심지어 일상생활에서도 절대 확실과 완전한 무작위성의 극단은 드물다. 일기예보와 교통 상황을 생각해보자. 두 가지의 경우 많은 것을 예측할 수는 있지만 모든 게 세밀할 수는 없다. 이런 상황을 다루는 수학적 도구가 양자역학에서 플랑크 상수 *h*만큼이나 중요한 위치를 차지하는 '확률'이다. 결국 확률 개념은 받아들이기가 놀라울 정도로 어렵다는 것을 알게 될 것이다.

전자총의 앞쪽에서 화면을 보는 것은 파동함수가 전자를 기술하는 것이 아니라 확률을 기술한다는 것을 알려준다. 특히 충돌 전 순간이 측정된 파동함수는 전자가 화면상 주어진 점에 도착하는 확률을 결정한다. 확률로 표현한 파동함수의 해석은 양자역학이 물리학에 부과한 중대한 변화다.[3]

우리는 3장에서 광자의 이중 슬릿 실험이 규칙성과 무작위성의 조합을 어떻게 보여주는지 보았다. 분리된 두 곳에서 나와 간섭에 따라 정확하게 기술된 파동의 줄무늬들이 각각의 광자가 사진 건판을 무작위로 때린 점들로 기록된다.

내가 물리학 교수를 시작한 1965년에 출판된 기념비적인 책 『파인만의 물리학 강의』에서 리처드 파인만은 양자역학에 대해 자세하게 논의했다. 비록 가설이긴 하지만 광자 대신 전자들을 가지고 이중 슬릿 실험을 기술했다. 왼쪽에는 전자총, 중간에는 극소로 작은 이중 슬릿, 오른쪽에는 전자가 때렸을 때 점이 찍히는 형광 화면을 놓는다. 2002년 영국의 학술지 『물리학 세계(Physics World)』의 독자들이 투표로 이 실험을 '물리학에서 가장 아름다운 실험'으로 뽑았다.

이 실험은 파인만의 책이 출판되기 전에도 초기 버전의 여러 실험이 있었다. 하지만 2013년이 되기 전까지만 해도 기술력의 한계로 전자의 이중 슬릿 실험을 파인만이 50여 년 전에 했던 사고 실험과 거의 똑같은 방식으로 실행하지 못했다.

게다가 각각의 전자를 만들어내고 감지하기도 어려웠으며 무엇보다 가장 어려운 것은 슬릿의 크기였다. 요즘 단위로 나노미터(1nm=10^{-9}m=10억 분의 1미터) 차원으로, 선과 전기 절연 테이프를 가지고 집에서 만들 수 있는 기술이 아니었다. 무작위로 산란된 점들이 서서히 줄무늬로 만들어지는 영상을 보면 양자역학이 눈에 보이는 것 같은 황홀한 경험을 하게 된다.[4]

파동/입자 이중성과 양자 무작위성의 입증뿐만 아니라 실험에서는 설득력 있게 파동함수의 분산을 보여준다. 슬릿 각각의 폭은 약 60나노미터다. 이 수치는 전자의 정확한 위치에 대한 우리의 무지함을 나타낸다. 한편 감지 화면에 나타난 전체 줄무늬는 끝에서 끝까지 300마이크로미터 정도 된다. 파동함수의 두 부분이 중첩되거나 간섭하려면 슬릿에서 화면까지 거리의 5,000배 폭으로 커져야 한다. 그렇게 되면 파동함수는 명백하게 분산된다.

이 실험에 대해 음미하는 데 있어, 실수하기가 너무 쉽다! 레이저 포인터에서 나온 광선은 이중 슬릿에서 분산되고 간섭되어 줄무늬를 만든다. 우리는 무심코 전자의 흐름을 레이저 광선으로 생각하면서 감명을 받는 데에 실패한다. 잊지 말아야 할 것은 전자가 하나씩 장치를 거쳐 지나간다는 것이다. 2013년 실험에서 흐름이 너무 미약해서 만약 이중 슬릿과 화면을 없애고 전자총으로 창문 밖을 가리키면 전자는 줄을 맞춰 뒤뚱뒤뚱 걸어가는 새끼오리들처럼 공중으로 날아갈 것이고 약 2,000킬로미터쯤에서는 서로 분리될 것이다. 각각의 전자는 그 자체로 엄격하게 존재한다. 이중 슬릿은 전자를 분리하는 것이 아니라 오직 파동함수만 두 간섭 부분으로 분리한다. 하지만 각각의 전자는 다른 전자의 영향으로부터 멀리 떨어져 있는 것이 아니라 보이지 않는 힘에 따라 움직이듯 어떻게든 화면 위의 금지된 곳이나 채워지지 않은 줄무늬로 가지 않는다.

현대적인 이중 슬릿 실험을 한 팀은 그들의 장치, 오차 등 모든 것을 기준으로 전자의 파동함수를 주의 깊게 계산했다. 이런 실질적인 계산은 파인만의 책에서 볼 수 있는 것처럼 이상적이고 단순한 계산보다 더 복잡하고 지루하다. 화면에 있는 수많은 전자의 위치를 측정한 뒤 물리학자들은 결과, 즉 무작위 점들이 만든 줄 모양 간섭무늬를 양자역학적 계산과 비교했다. 그들의 간결한 결론은 그들의 엄청난 노력을 정당화했다. "우리는 양자역학의 예언을 정확하게 보았다."

파인만은 이중 슬릿의 수수께끼를 양자역학의 '유일한 미스터리'라고 불렀다. 이것은 약간 과장되었다. 왜냐하면 어떤 양자 효과는 우리가 곧 다루겠지만 '단순한' 파동의 간섭으로 설명할 수 없기 때문이다. 그럼에도 위대한 물리학자이자 학습 의욕을 고취하는 선생님이었던 파인만은 전자의 이중 슬릿 실험을 양자역학의 전형적인 예로 삼았다.

6장

그리고 기적이 일어나다

화면에 서서히 줄무늬를 그리는 각각의 전자를 지켜보는 것은 편안하지 않은 경험이고, 파동함수의 붕괴에 대해 생각하는 것은 훨씬 더 당황스럽다. 전자총과 소총의 비교가 왜 도움이 되는지 알아보자. 한순간에는 총알이 정해진 속도로 부드럽게 날아간다. 그다음 순간에는 목표물을 맞히고 갑자기 멈춘다. 유사하게 전자의 파동함수는 앞으로 확장하고 양자역학의 법칙에 따른다. 그러다가 순간적으로 점이 화면에 나타나면서 갑자기 성격이 바뀐다. 두 가지 시나리오 사이에 유사성이 있다. 차이가 바로 보이지는 않지만 차이는 놀랍다.

총알은 쏘기 전, 날아가는 동안, 목표물에 맞고 멈추고 나서도 항상 뉴턴의 운동 법칙을 따른다.

파동함수는 운동 법칙을 잘 따르지 않는다. 전자가 화면을 때리기 전까지 파동함수가 발달한다. 고요한 호수에 파동이 부드럽게 퍼지듯이, 전자의 파동함수는 시간이 지남에 따라 변한다. 양자역학의 동작에 대한 법칙은 그 변화를 완전히 예측한다. 특별한 위치에서 전자를 발견할 확률의 영역은 공간에서 재빠르게 퍼져나간다. 하지만 전자가 화면에 정지할 때 동시에 그리고 완전히 성격을 바꾼다. 파동함수가 붕괴하면서 확률은 전자가 있는 곳의 지식을 거의 확실하게 알려주게 변한다. 붕괴 과정은 규칙 또는 법칙을 따르지 않는다. 그저 일어날 뿐이다. 정확하게 왜 또는 어떻게는 90년 전 양자역학이 탄생한 이후 논란의 주제였다.

파동/입자 이중성 문제를 해결하는 여정에서 양자역학의 창안자들은 타협을 해야만 했다. 확률 해석에 따라 파동함수를 소개함으로써 그들은 파동처럼 행동하는 것과 입자처럼 행동하는 것을 통일하는 데 성공했다. 하지만 그들은 비용을 지불해야만 했다. 그들은 뉴턴에서 아인슈타인까지 고전물리학자들의 생각에 확고하게 새겨진 개념을 포기해야만 했다. 그것은 물질 입자에 대한 고유 운동 법칙이 존재한다는 확신이었다. 이것으로 전자의 파동함수는 변함없는 운동 법칙을 총알과 달리 따르지 않는다. 그 대신 파동함수는 두 가지 기본적인 다른 법칙을 따른다.

1. 전자가 간섭받지 않는 한, 파동함수는 부드럽고 연속적이며 예측 가능하게 펼쳐진다. 그것은 날아가는 총알과 호수 위의 파동처럼 정해진 수학 법칙을 따른다.
2. 전자가 화면에 점을 남김으로써 그 위치를 나타낼 때, 파동함수는 갑자기 '붕괴'해 충돌 지점에 집중되어 새롭고 훨씬 더 축약된

"난 당신이 여기 이 단계 2에서 더 명확해져야 한다고 생각해."

*그림: 시드니 해리스 ©시드니 해리스

형태로 나타난다.

타의 추종을 불허하는 과학만화가 시드니 해리스는 이러한 상황을 자신의 '기적'이라는 만화에 완벽히 표현해냈다. 나는 만화 속 두 물리학자가 양자역학을 논의한다고 생각하길 좋아한다.

파동함수의 붕괴는 공간에 '함몰되는' 것뿐만 아니라 확률이 확신으로 좀 더 일반적으로 전환하는 것이다. 위치뿐만 아니라 에너지, 속도, 운동 방향 그리고 양자 입자의 다른 많은 속성이, 고전역학에서 모든 분명한 고유값이 측정되지만, 파동함수 안에 다른 확률로써 분포한다. 예를 들면 이에 대한 질문이 있고 답이 나올 때까지 파동함수는 동시에 선을 통해 반대 방향으로 흐르는 전류, 동시에 다른 기하학적 구조를 가진 분자 그리고 동시에 온전한 핵과 붕괴하는 방사성 핵을 기술한다. 일어날 수 있는 '가능한' 모든 일 중 무슨 일이 '일어'났을까?

기적은 과학에서 어떤 역할을 하지 않아야 한다. 하지만 세상에는 우리가 이해할 수 없는 일이 많이 일어난다. 끝없는 무지의 바다처럼. 기적이 가끔 과학적 사고 안으로 조금씩 몰래 들어오는 것이 놀라운 일인가? 우리는 단지 그것을 기적이라 부르지 않는다. 뉴턴의 중력의 법칙이 완벽한 예다.

손으로 사과를 한 개 쥔다. 그리고 사과를 놓는다. 사과가 땅으로 떨어진다. 왜 그럴까? 사과를 놓아도 그냥 가만히 있는 것이 더 자연스럽지 않을까? 당신이 만약 우주를 떠다니는 우주비행사라면 사과를 놓아도 가만히 있을 것이다. 당신 앞에 그대로 떠 있을 것이다. 하지만 지구에서는 땅으로 떨어진다.

뉴턴은 지구가 '중력'이라고 해서 사과를 잡아당기는 신비한 힘을 가하고 한 치의 오차도 없이 땅으로 끌어당긴다고 설명했다. 이 보이지 않는 촉수는 무엇일까? 그들은 실제일까, 상상일까? 그들은 무엇으로 되어 있을까? 우리는 어떻게 그들을 다룰 수 있을까? 어떻게 그들을 없앨 수 있을까? 어떻게 그들의 성질을 밝힐 수 있을까?

뉴턴은 그의 법칙을 사과와 지구를 포함한 모든 물체에 일반화하여 서로 끌어당기는 힘이 있다고 주장함으로써 이 미스터리를 끝낸다. 그것은 달이 궤도를 유지하게 하고, 지구가 태양을 공전하게 하고, 당신과 내가 우주를 떠다니게 할 수 있다. 이것을 '만유인력'이라고 하며, 이는 대표적 '원격작용'이다.

하지만 원격작용은 전적으로 불합리하다. 일상의 경험에서는 힘을 주려면 직접 접촉해야 한다. 의자를 움직이려면 의자를 건드려야 한다. 직접 손을 대든가 간접적으로 막대기나 줄의 도움을 받아야 한다. 야구에서 방망이로 공을 때리면 공의 전과 후의 방향이 바뀐다. 분자는 인접 분자를 진동하게 하고 그들의 진동은 일종의 연쇄반응으로 소리와 열을 전달한다. 광자는 광원에서 수신자까지 빛과 라디오파를 실어 나른다. 손으로 밀거나 야구방망이로 치는 것 같은 접촉력은 현미경적 규모로 보면 한곳에서 이웃의 다른 곳으로 교란을 전달하는 전자기장에 따라 작용한다. 그런데 원격작용은 상호작용하는 물체들 사이에서 근접도의 필요성을 없애주었다. 그것은 '자연의 법칙'을 가장한 기적이다.

우주에 대한 당신의 영향력을 생각해보자. 뉴턴에 따르면, 당신이 앞으로 걸어가면서 몸을 움직이면 우주에 있는 모든 원자, 지구에 있는 모든 사람, 모든 행성과 모든 별, 거리에 상관없이 즉시 중력의 변화를 경험하게 된다. 마치 멀리 떨어져 있는 물체가 당신의 몸이 하는 행동에 즉시 그리고 전달자 없이 메시지를 전달받는 것과 같다.

물론 뉴턴은 그의 법칙이 받아들이기 어렵다는 것을 알았다. 만유인력의 법칙이 자연의 위대한 법칙으로 자리 잡은 몇 년 뒤 원격작용에 대해 놀라워하는 사람에게 보낸 편지에서 뉴턴은 이렇게 썼다.

어떤 물질도 아닌 매질도 없이 무생물 물질이 상호 접촉하지 않

> 으면서 다른 물질에 영향을 미치고 작용하게 하는 것은 상상할 수도 없습니다. 중력은 물질에 대해 선천적이고 고유하고 기본입니다. 그래서 한 물체가 어떤 매질 없이 진공을 [통해] 먼 거리에서 다른 물체에 작용할 수 있으며, 작용과 힘이 한 물체에서 다른 물체로 전달되는 것은 나에게 너무 위대한 '모순'이어서 나는 능숙한 사고력으로 그곳으로 들어갈 수 있는 사람이 아무도 없다고 믿습니다. 중력은 확실한 법칙에 따라 일정하게 작용하는 매개체에 의해 일어나야 합니다. 하지만 이 매개체가 물질 또는 비물질인지는 나는 이를 읽는 사람의 생각에 맡깁니다.[1]

모순, 뉴턴은 물리학에 대한 자신의 가장 위대한 기여를 이렇게 정리했다. 그는 이것을 24세 때인 1666년경 만들었다. 그의 인생에서 그 기간을 놀라운 해, 기적의 해라고 한다. 원격작용 자체가 기적이라서가 아니라 뉴턴이 놀라울 정도의 창의성으로 미적분학을 발명하고 햇빛을 무지개 색으로 분해했던 해이기 때문이다.

그것을 제안하고 25년 후 뉴턴은 이런 불합리한 땅 위에서 원격작용을 거부하지 않으면서 그 유용성을 옹호하지만 궁극적으로 이해할 수 없는 것을 수용했다. 그는 중력이 작용하는 법칙을 알아냈지만 그 의미를 알아내지는 못했다. 독실한 신자인 그는 개인적으로는 중력의 작용을 신에게 돌렸지만, 독자들에게 그들의 결론을 이끌어낼 수 있도록 맡겨놓았다. 그는 이 기적을 간결한 수학으로 기술했지만 그것을 설명하지는 못했다.

1666년부터 1916년까지 정확하게 250년 동안 아인슈타인이 중력의 진정한 본성을 발견할 때까지 중력의 법칙은 도전을 받지 않았다. 좀 더 엄밀히 따지면 그사이에 복잡한 수학적 모델로 중력을 설명하려는 셀 수 없이 많은 시도가 있었지만 누구도 실험적 또는 수학적으로 성공을 거두지는 못했다. 250년 동안 물리학자들은 세계를 설명하고 정확히 예측하기 위해 뉴턴의 만유인력 법칙을 이용했다. 바다의 파도와 납작한 지구 모양에서 일식과 혜성의 재출현 시기까지 망라했다. 너무나도 성공적이어서 자기력과 전기력 같은 중력과 관련 없는 다른 많은 현상의 수학적 취급에도 그 형태를 적용하려고 했다.

아인슈타인은 일반 상식이 아닐 뿐만 아니라 특수상대성이론에서도 중요했기 때문에 원격작용을 반대했다. 그에게 기적의 해인 1905년, 그는 어떤 물체도 어떤 신호도 어떤 정보도 빛의 속도보다 더 빠르게 나아갈 수 없다고 주장했다. 한편 원격작용은 무한한 속도로 빈 공간을 통해 여행한다. 하지만 상대성이론에 따르면 이것은 불가능하다. 그래서 아인슈타인은 중력을 발전시키면서 이를 일반상대성이론이라고 했다. 일반상대성이론은 공간 자체가 한곳에서 가까운 다른 곳으로 중력을 전달하는 매질로 작용한다는 것을 보여줌으로써 원격작용을 대체했다. 이런 과정—원격작용의 반대—을 '국소 작용'이라고 한다. 왜냐하면 공간의 한 지점에 위치한 영향은 멀리 떨어져 있는 지점이 아니라 자체적으로 인접한 지역에만 영향을 미치기 때문이다. 이런 관점에서 당신이 앞으로 걸어 나가면 당신 몸 주변의 공간이 미묘하게 휘어져 있고 교란이 한 점에서 다른 한 점으로 빛의 속도로 세상의 먼 곳, 태양계, 은하계, 우주로 전달된다. 중력의 기적이 있은 지 250년 후 마침내 더 복잡하지만 더욱 분명한 어떤 것으로 대체되었다.

뉴턴의 덕망 있는 옛 이론은 근삿값의 지위로 축소되었다. 이것은 아주 유요하지만 근본적으로는 의미 없는 개념이다. 물리학자들은 물질이 실제로 원자로 구성되어 있다는 것을 알면서도 고체, 액체, 기체를 연속적인 물질로 근사하는 것과 동일한 방식으로 사용한다.

양자 파동함수의 붕괴는 제멋대로 순간적으로 먼 거리를 커버하는 원격작용이며 뉴턴의 중력처럼 이해하기 힘든 것이다. 하지만 뉴턴의 법칙처럼 납득이 가는 가치를 제공함으로써 파동함수의 붕괴는 과학의 정설로 받아들여지게 되었다 대부분의 물리학자는 중첩, 확률, 파동함수의 붕괴 등을 포함해서 양자역학을 수용한다. "그것이 자연이 행동하는 방식이다!"라고 말하며 그들의 계산과 관측에 이용한다. 비록 증가하고 있지만 그들 중 소수만이 표준 형식에 따라 암시되는 철학적 수수께끼를 진지하게 받아들이고 그것을 해결하려고 노력한다. 이런 용맹한 영혼들의 주된 목표 가운데 하나는 양자역학의 단계 2를 더욱 명확하게 하는 것이다. 파동함수의 붕괴, 즉 확률에서 확신으로의 불가해한 도약 말이다.

7장

양자 불확정성

베르너 하이젠베르크의 '불확정성의 원리'는 아인슈타인의 $E=mc^2$와 슈뢰딩거의 고양이만큼 유명한 대중문화의 요소가 되었다. "하이젠베르크가 여기서 잤다"라는 광고물에서 현대판 〈지킬 박사와 하이드 씨〉인 텔레비전 드라마 〈브레이킹 배드〉, 월터 화이트의 별명 '하이젠베르크'까지 하이젠베르크라는 이름은 양자물리학의 지난날의 확실성이 무너졌다는 느낌을 준다. 하지만 "모든 것이 불확실하다"는 주장으로 그의 원리를 해석하는 것은 피상적인 실수다. 보통의 이런 오해보다 더 중요한 것은 하이젠베르크 자신이 저지른 실수다. 자기 이름이 들어 있는 이 원리는 파동함수에서 도출된 수학적 정리로 흠잡을 데 없다. 이 원리는 입자의 위치와 속도는 동시에 완전하게 규정할 수 없다고 말한다. 위치를 더 정확하게 결정하면 속도가 더욱 불확실해지고 반대의 경우도 마찬가지다. 이런 변수 쌍은 에너지와 시간에서도 같은 효과가 나타난다. 하지만 수학적 정리에서 더 심오한 의미의 하이젠베르크 설명에는 결함이 있다.

하이젠베르크의 정리는 무딘 도구다. 비록 상세한 계산에서 사용하는 경우는 드물지만 그것은 유용한 기준을 제공한다. 그것은 완전한 이론이 더 믿을 만한 답을 산출하기 전에 원자 세계의 속성을 빠르게 개략적으로 추정하게 해준다. 예를 들어 불확정성의 원리는 양자 진동자의 에너지 준위(계단)의 가장 낮은 단계를 이해하게 해준다. 정확하지는 않지만 가장 낮은 에너지를 정확하게 0으로 가정하면 진동자의 속도와 변위 둘 다 정확하게 0이라는 것을 알 수 있다. 질량은 정지 상태이고 줄은 이완되어 있다. 당신의 가정이 불확정성의 원리를 위배하기 때문에 그것은 틀렸다. 진동자가 양자역학의 법칙을 따르면 질량이 조금씩 진동하고 위치와 속도가 변해서 불확정성이 일어나게 된다. 불확정성의 원리에 근거를 둔 불필요한 논쟁은 양자 조화 진동자의 가장 낮은 에너지가 0이 아니고 $e=hf/2$라는 것을 보여준다. 불행하게도 당신은 더 많이 노력하고 실제 파동함수를 꼼꼼하게 계산함으로써 그것이 입증될 때까지 이 측정치를 믿지 못할 것이다.

불확정성의 원리가 모든 총알과 모든 골프공에 운동의 정확한 위치, 속도 그리고 방향을 부여하는 고전역학의 근본을 극적으로 거스르기 때문에 하이젠베르크는 그의 원리 너머에 있는 물리학을 설명하고자 했다. 이런 행동은 실제로 그에게 다소 특이한 것이었지만, 그는 실제적이고 직감적인 아리스토텔레스의 주장보다 추상적이고 수학적인 플라톤의 사고를 좋아했다. 그럼에도 나를 포함한 물리학자들이 보기에 설득력 있게 평범하고 실용적인 언어로 그의 원리를 설명했다. 하지만 원리 자체는 정확하지만 그의 추론은 오해할 소지가 있는 것으로 판명되었다.

하이젠베르크는 측정하고자 하는 물체의 측정효과에서 양자 불확정성의 기원을 찾았다. 그는 아이디어를 설명하기 위해 '하이젠베르크의 현미경'이라는 기발한 가설을 창안하고 "날아가는 전자를 생각해봅시다"라고 제안했다. 어디에 있는지 정확하게 알기 위해서 당신은 그것을 잡거나 만지거나 빛을 반사시키거나 광자를 최소한 1개라도 빼내야 한다. 광자는 결국 주변 전자를 건드려 속도나 방향 또는 둘 다 바꿀 것이다. 방향이 바뀐 광자는 어떤 특정한 시간에 전자의 위치를 아는 데 도움이 될 것이다. 관측은 그 속도를 변화시킨다. 이런 사고 실험을 좀 더 세밀하게 살펴보면서, 초기에 작은 실수를 했지만 하이젠베르크는 불확정성의 원리를 그럴듯하게 물리학적으로 설명할 수 있었다.

그가 설명한 것은 '관찰자 효과'라고 할 수 있다. 실제적이고 쉽게 이해할 수 있는 현상이다. 관측 대상 물체에서 관측 효과의 예를 찾는 데 양자역학은 필요 없다. 화학자들은 상온의 수은 온도계를 뜨거운 물이 든 골무에 넣으면 물 온도가 낮아진다는 것을 아주 잘 안다. 변호사들은 질문의 어투가 대답에 영향을 미친다는 것을 안다. 인류학자들은 그들이 기술하는 문화에 대한 연구 효과를 최소화하려고 주의를 기울인다. 그리고 최악의 경우 관측이 대상을 파괴하기도 한다. 부검은 죽음의 원인을 밝히기도 하지만 시신을 훼손한다.

하이젠베르크가 자신의 원리를 발표한 이후 90년 동안, 물리학자들 사이에서 불확정성이 물리학적 측정의 교란 효과나 측정 도구의 정확성 등 어느 것에도 의존하지 않는다는 인식이 서서히 생겨나기 시작했다. 사실, 훨씬 더 심오한 물질의 파동성에서 비롯했는데 '파동함수'라는 말이 끊임없이 이를 암시한다. 심지어 고전역학적 파동도 지속 시간과 진동수 사이에 내장된 상호관계를 보여준다. 파동의 잔물결로 만들어진 바다 표면의 교란을 상상해보자. 만약 그것이 각각의 마루와 골의 주기로 이루어져 있다면 우리는 그 시간을 잴 수 있고 진동수를 알 수 있다. 전체의 잔물결이 공간과 시간을 통해 확장된다. 지속 시간이 길어진다. 한편 잔물결이 하나의 놀로 되어 있다면 그 길이와 지속 시간은 더 짧아지지만 당신은 최소한 완전한 주기가 필요하기 때문에 진동수를 알 수 없다. 기껏해야 하나의 파동 마루가 다른 진동수를 가진 많은 파동과 섞인 중첩으로 간주할 수 있고, 이 모든 것이 그 잔물결의 꼭대기에서 마루로 함께 나타난다. 고전역학적 파동들의 균형은 더 긴 지속 시간, 더 작은 진동수들의 분산 등을 의미한다.

이런 상호관계는 파도뿐만 아니라 음파에서도 유지된다. 그리고 그 효과는 오케스트라 연주에서도 나타난다. 저녁 시간을 알리는 오보에의 긴 A음은 명확한 음조나 진동수를 지녔지만, 잠깐 지속되는 심벌즈 소리는 음조나 진동수를 전혀 식별할 수 없다. 사실상 타악기를 위한 악보는 음조를 보려는 것이 아니라서 특별한 표기법을 사용한다. 타악기를 치는 음조를 규정할 수 없기 때문이다. 하지만 타이밍은 정확하다!

플랑크-아인슈타인 방정식 $e=hf$는 지속 시간과 진동수 사이의 고전적 균형을 불안정한 입자와 같은 양자 시스템의 지속 시간과 에너지 사이의 하이젠베르크 불확정성 관계로 바꾸어준다. 여기서 다시 파동함수 자체에서 유도되는 것처럼 플랑크 상수는 고전물리학과 양자물리학 사이의 연관성을 제공한다.

불확정성 원리를 가장 극단적으로 설명한 것은 이중 슬릿 실험이다. 이 실험은 파장과 경로 정보 사이의 불확정성을 보여준다. 이것이 다음 질문의 답이다. "두 슬릿 중 입자는 실제로 어디를 거쳐 지나갔을까?" 파장은 측정 장치와 간섭무늬의 차원으로부터 쉽게 추론할 수 있다.[1] "어떤 경로로 갔을까"에 대한 지식은 무식한 방법을 빼고는 알기 어렵다. 만약 당신이 슬릿 중 하나를 닫으면 당신은 광선이 다른 하나를 거쳐 들어왔다는 것을 안다. 하지만 당신이 그렇게 하면 파장을 알 수 있게 해주는 간섭무늬가 사라진다.(물론 그렇다. 그것은 결국 두 파동의 간섭으로 만들어진다.) 이 예에서 어떤 슬릿 정보는 하나의 경로를 제거해 극단적으로 파괴적이다. 그래서 불확정성도 극단적이어서 파장이나 어떤 한 경로 둘 중 하나는 확실하게 결정할 수 있지만 동시에 둘 다 알 수는 없다.

하이젠베르크 원리에 대해 좀 더 깊이 알려짐에 따라 새로운 기술은 각각의 기본 입자를 다루는 새로운 방법들로 만들어졌고, 예전에 파인만이 했던 아름다운 사고 실험처럼 어제의 사고 실험을 실험실에서 실제 관측할 수 있게 해주었다. 현대의 개선된 방법은 이중 슬릿의 불확정성이 예전의 '이것 아니면 아무것도'가 아니라 파장의 근사치와 경로의 가능치를 분석할 수 있게 해준다. 그것이 전부가 아니다. 이번 세기가 시작되면서 더욱더 믿을 만한 실험이 하이젠베르크의 오차를 정확히 양자 불확정성이 관측자 효과가 아니었던 것을 보였다.

이것의 기발한 혁신은 바로 관측 메커니즘을 입자의 이동경로에서 멀리 두는 것으로 관측방식이 입자에 간섭하지 못하게 분리하는 것이다.[2] 이중 슬릿에서 나오는 즉시 각 광자는 특별 결정지로 보내지고 자연스럽게 같은 (또는 상호 보완적인) 성질을 지닌 새로운 2개 광자로 만들어진다. 이 2개는 서로 다른 임무를 가지고 다른 방향으로 보내진다. 하나는 '신호'라고 하는 것으로 정상적인 방법으로 천천히 간섭무늬(또는 공백)가 나타나게 하고, 또 하나는 관측용으로 제공된다. 각 신호 광자는 고유의 관측 광자와 연결되어 있다.

관측 광자는 원래의 광자가 이중 슬릿을 통과한 후 목적지에 도착한 것이다. 이 개조가 '지연 선택 실험'이라는 이름의 의미를 설명한다. 관측 광자는 원래 광자가 어떤 슬릿을 거쳐 나왔는지, 어떤 경로로 왔는지 알 수 없는 2개의 슬릿에서 나왔는지 밝혀줄 표준 광학 마법의 조사를 받는다.

이 개조로 신호 탐지기가 넓은 지역에 걸쳐 스캔하듯이 수많은 광자를 기록한다. 탐지된 각 신호 광자는 옛날 방식인 이중 슬릿 실험의 화면 점과 같다. 다만 이제는 각 신호 광자는 관측 광자를 갖는다. 이제는 실험자가 선택에 직면한다. 첫째, 수집된 모든 자료에서 실험자는 관측 광자에 따라 신호 광자만 선택한다. 어떤 슬릿인지에 대한 정보가 없다. 신호 탐지기의 위치를 좌표화해보면, 즉 화면에 나타난 점들을 보면 예상했던 줄모양의 간섭무늬를 본다. 사실상 실험자는 1803년 토머스 영의 실험을 재현한 것이다. 둘째, 반대로 실험자가 어떤 슬릿 문제가 해결되고 위치가 기록된 신호 광자만 선택한다면 줄모양은 나타나지 않는다. 하지만 두 슬릿은 실험의 두 부분 모두 넓게 벌려져 있었다.

이 결과의 메시지는 명확하다. 관측 광자 탐지기가 시간적·공간적으로 너무 멀리 있기 때문에 슬릿에 어떤 직접적·물리적 영향을 미치지는 못한다. 간섭무늬가 사라지는 것은 슬릿 하나가 막혔을 때, 신호 광자가 갖는 경로의 관측에 대한 역학적인 반응이 아니다. 결국 불확정성의 원리는 관측자 효과가 아니었던 것이다.

하이젠베르크의 현미경에서 파동함수의 매우 기본적이고 일반적 성질인 불확정성 원리의 해석에 이르기까지의 진보는 양자역학의 역사에서 또 다른 발전을 연상시킨다. 플랑크의 뜨거운 물질의 역학적 모델은 파동/입자 이중성과 파동함수에 따른 해결로 이어졌다. 완전히 수학적인 파동함수와 확률을 이용한 해석은 수소에 대한 보어의 역학적 모델을 대신했다. 역학적·시각적 서술은 부적절한 것으로 판명되었고, 수학적·추상적 설명으로 대체되었다.

추상은 성숙의 표시다. 어린이는 동전을 다루면서 돈에 대해 배우지만 나중에는 비용, 가격, 신용과 같은 추상적 개념으로 폭넓게 이해하게 된다. 사회 전반에 걸쳐 정의 개념은 원시적이고 개인적인 '눈에는 눈' 원리에서 추상법의 정교한 체계로 진화했다. 물리학에서 성숙이란 만질 수 있는 역학적 모델이 수학적 추상('분리하다'라는 뜻인 abstraction은 라틴어 abstrahere에서 왔다)으로 발전하는 것을 의미한다. 사물은 구체적인 것이고 생각은 추상적인 것이다. 하지만 추상을 복잡성과 혼동해서는 안 된다. 개념은 추상적일 수 있지만 복잡할 필요는 없다.

8장

가장 간단한 파동함수

'간단하게!'는 과학에서도 대부분 인간의 노력에 대한 좋은 충고다. 닐스 보어는 더 복잡한 원자에 모험을 걸기 전에 가장 간단한 원자인 수소에서 시작했다. 양자역학은 단순 조화 진동자(단진자)에서 시작되었다. 따라서 수학적 방정식이 아닌 시각적 기호로 된 가장 단순한 파동함수를 생각해보자. 연습 문제는 파동의 네 가지 기본 성질, 즉 중첩, 확률, 불연속성, 붕괴를 알려준다. 우리가 나중에 큐비즘의 의미를 탐구할 때 유용한 보너스가 될 것이다.

비록 가장 간단한 원자라도 구조가 너무 복잡하기 때문에 우리는 진정으로 자를 수 없는 기본 입자를 볼 것이다. 우리는 이들 중 2개를 만났다. 광자와 전자가 그것이다. 광자는 간단한 말로 기술하기 어렵다. 진공에서 광자들은 언제나 빛의 속도로 퍼져나간다. 면밀히 조사하기 위해 속도를 줄이거나 멈추기를 거부한다. 어떻게 해서든 광자들이 탐지되면 그들은 에너지를 포기하고 사라진다. 이런 유령 같은 광자들의 성질을 기술하려면 물리학자들은 파동함수와 보통의 양자역학의 언어를 넘어서야 한다. 한편 전자들은 속도를 줄이고, 멈추고, 저장할 수 있어 구슬만큼이나 쉽게 다룰 수 있다. 그래서 전자들은 매일매일의 직관에 더 쉽게 접근할 수 있다. 게다가 전자는 우리 몸을 포함해 물질을 이루는 기본 성분뿐만 아니라 에너지(전력선에서)와 정보(컴퓨터에서) 전달자로서 생명체의 연료와 조직을 만든다. 작은 거인인 전자는 보이지 않는 미시세계에 대한 생각을 집중하게 해주는 적절한 수단이다.

전자에 대한 기술은 위치, 속도, 질량 또는 무게, 전하량을 포함한다. 게다가 전자는 추가로 두 가지의 관련 성질이 있다. 하나는 자신의 축에 대한 회전, 즉 '스핀'이고 다른 하나는 자기력이다.[1] 전자는 잘 측정된 자기력을 지닌 아주 작은 막대자석처럼 또는 아주 작은 나침반의 바늘처럼 행동한다. 양자역학은 약 10억 분의 1의 정밀도로 세기를 정확하게 예측한다. (이 정밀도는 뉴욕에서 하와이까지의 거리에 대한 엄지손가락의 폭의 비율과 비슷하다.)

전자의 특성 목록은 플라스틱으로 만들어져 전기적으로 대전된 동그란 펠릿에도 적용된다. 이런 작은 펠릿이 자기 축에 대해 회전하면 이 또한 막대자석처럼 행동한다. 그래서 우리는 전자를 축소한 지구의로 생각하고 싶어 한다. 이것은 완벽하게 둥글어서 지구보다 더 단순하다. 게다가 2개 축—회전 또는 스핀 축과 자기 축—이 일치한다. (우리 지구에 대조해보면 스핀을 가진 펠릿의 자기극은 지리적 극에 해당한다.) 하지만 양자역학은 단지 작은 물질에 대한 고전역학 그 이상이다. 전자에 대한 세밀한 조사가 이 세상에 있는 보통의 우리를 외계 세계로 인도할 것이다.

앞서 말한 전자의 특성 목록에 질량은 포함되어 있었지만 크기는 포함되지 않았다는 것을 눈치챘는가? 전자는 얼마나 클까? 아니 얼마나 작을까? 이에 대한 놀라운 대답은 측정한 기구가 없다는 것이다. 아무리 정확해도, 아무리 복잡해도, 아무리 비싸도 전자의 크기를 측정할 수 있는 기구는 없다. 더 중요한 점은 이론물리학자들이 아주 작은 전자 반지름의 가설을 방정식으로 소개할 때 자기력을 포함해 많은 성공적이었던 예언들이 실패했다는 것이다. 실험 결과를 극도로 정확하게 이끌어주는 가장 훌륭한 가정은 지속적으로 전자의 반지름이 0이라는 가정이었다. 우리가 아는 한 전자는 점 같은 입자다. 물론 언젠가 우리는 전자가 내부 구조와 반지름을 가지고 있다는 사실을 알지도 모른다. 그러면 현재 이론은 다듬어질 필요가 있다. 하지만 지금까지는 그러한 일은 그저 추측일 뿐이다. 그래서 알려진 것을 가지고 크기가 전혀 없는 입자를 상상해보자.

문제는 점 입자는 회전하지 않는다는 것이다. 점은 원 위를 회전할 수는 있다. 하지만 자신의 축에 대해 점이 회전한다는 것은 이해하기 어렵다. 스핀은 물체의 다른 부분이 반대 방향으로 움직이는 것을 의미한다. 그런데 점은 부분이 없으므로 스핀을 가질 수 없다. 야구공과 스케이트를 타는 사람은 회전할 수 있다. 하지만 점은 실체가 없어 회전할 수 없다. 따라서 대전된 스핀볼로 묘사한 전자의 역학적 모델은 지지할 수 없는 과거의 화석이다. '스핀'이라는 말 자체는 보어의 수소 모델과 같은 시대의 오해하기 쉬운 개념이다. 불행하게도 우리는 전자가 스핀과 자기력은 가지고 있지만 크기는 없다는 역설적 결론을 옆에 두고 있다.

거시세계에서 양자의 미시적 실체로 개념을 적용하려는 것은 파동/입자 이중성을 발견했을 때처럼 우리를 또다시 곤경에 빠지게 한다. 마음의 평화를 회복하려면 우리는 상상 속으로 좀 더 들어가야 한다. 우리는 『이상한 나라의 앨리스』의 체셔 고양이는 만나는 장면에서 배울 수 있다. 몸이 점점 작아지다가 결국 사라지는 고양이는 미소만 남기고 떠난다. 체셔 고양이는 미소 짓지 않는 고양이는 종종 보았지만, 고양이 없는 미소는 결코 보지 않았다는 것을 앨리스에게 떠올리게 했다. 전자는 없어질 때까지 점점 작아지는, 회전하는 펠릿처럼 보이고 결국 스핀만 남게 된다.

스핀은 여전히 골칫거리다. 전자의 스핀은 펠릿과 같지 않고 느려지거나 빨라지지도 않는다. 그것은 플랑크 상수 h의 값에 따라 크기가 정해진다. 전자가 내장된 나침반 바늘(그리고 그의 스핀 축으로)이 가리키는 것을 알기 위해 당신은 보통 냉장고 자석의 N극 근처에 가져다놓을 수 있다. 자기 장치로 남겨진 전자는 정렬하여 S극이 자석 쪽을 향하고 N극은 반대쪽을 가리킬 것이다. 당신이 전자를 돌리면 그것은 잘못된 방향을 가리키지만 당신은 손가락으로 나침반 바늘을 미는 것과 같은 약간의 에너지를 써야 한다.

보통 막대자석과 달리 전자의 자기장의 세기와 방향은 임의로 바꿀 수 없다. 전자의 자성은 크기가 고정되어 있고 방향이 제한되어 있다. 특히 전자의 스핀(그리고 그의 자성으로)이 측정되면, 두 가지 가능한 값만 나타난다. 스핀을 측정하는 데 이용되는 모든 장치는, 임의로 선택된 참고 방향을 제공해주는 고정된 외부 자기장을 포함한다. 이상하게도 전자의 스핀은 항상 참고 방향에 한 줄로 늘어서거나 아니면 반대 방향으로 나타난다. 그것은 결코 참고 방향에 수직으로 나타나거나 그것이 바뀌는 동안에도 45도로 되지 않는다. 전자의 자성은 때로 작은 화살표로 나타내곤 한다. 그것은 스핀도 마찬가지다. 수직 자기장에서 전자의 스핀 방향이 측정되면 그것은 위(↑) 또는 아래(↓) 중 하나를 가리킨다.(수직에서 평행하다.) 유사하게 만약 참고 장이 *x*축에 평행하게 늘어선다면 전자는 오른쪽(→) 또는 왼쪽(←)을 가리킬 것이다. 펠릿의 경우 스핀 방향이 무한하지만 전자는 정확하게 2개를 가지고 있다. 이런 방향성의 제한은 조화 진동자와 원자의 에너지 제한과 유사하다. 결국 이것은 플루트 소리의 음조 제한을 연상시킨다.

원자의 세계를 기술하는 다른 변수와 함께 스핀 역시 불확정성의 원리 또는 정보 균형의 대상이 된다. 만약 당신이 위(↑)를 가리키는 스핀을 가진 전자를 준비했다면, 예를 들어 가로의 *x*축을 따라 스핀을 측정한 결과는 무작위로 왼쪽(←) 또는 오른쪽(→)이 될 것이다. 역으로 세로 방향에서 스핀을 측정했다면 무작위로 위(↑)와 아래(↓)가 될 것이다.

우리는 양자역학이라는 이상한 나라의 중심에 와 있다. 이상한 규칙을 가진 스핀은 파인만이 얘기한 '양자역학의 유일한 해석기'인 이중 슬릿 실험과 같지는 않지만 수수께끼 같은 양자현상임은 틀림없다.

어떤 실험에 포함된 전자의 파동함수는 두 부분을 가지고 있다. '외적'인 부분은 공간을—원자 내부 또는 전자총에서 화면까지 또는 이중 슬릿 — 통한 운동을 다룬다. 지금까지 우리가 다루어온 부분이다. 여기에 스핀만 다루는 '고유' 부분이 있다. 보통 총파동함수의 이 두 조합은 계산에서 함께 얽히게 되지만 서로 떼어놓으려는 우리 목적을 위해 '외적' 파동함수는 무시하고 스핀을 기술하는 부분만 고려한다. 이것으로 우리는 가장 단순한 파동함수라는 목적에 이르렀다.

3차원 공간에 퍼져 있고 무한 영역을 갖는 전자가 발견될 수 있는 곳에 대응하는 보통의 파동함수와 달리 스핀 파동함수는 실제 공간에 위치하지 않는다. 스핀 파동함수의 발명은 일상적 세계에서는 생각할 수 있는 것이 아니어서 완전히 추상적이고 양자역학적 구상이며, 초기 양자역학의 역사에서 혁명적인 사건 중 하나였다. 그것은 모든 전자가 두 가지 숨겨진 상태를 가지고 있다는 것을 의미한다. 즉 자기장 또는 회전 운동을 관측할 때까지는 양극성이 존재한다. 관측 전에는 전자의 이중적 성격은 우리가 살고 있는 우주와 관계없는 외계 차원에 숨겨져 존재한다.

전자의 스핀은 양자 세계를 들여다보는 열쇠 구멍이다. 물체가 너무 작아서가 아니라 우리의 즉각적 감각이 아닌 상상만으로 접근해야 하기 때문에 깨닫지 못하는 세계다. 대중문화의 한 부분이 된 아인슈타인의 수많은 인용문 중에서 더 안심되는 것 가운데 하나는 이것이다. "신은 오묘하지만 악의는 없습니다."[2] 신을 떠나 이 얘기는 자연의 비밀이 깊이 숨겨져 있고 알아내기 어렵지만 결국 근거와 상상으로 접근할 수 있다는 것을 보여준다. 자연이 우리에게 명백한 역설을 제시할 때, 의무적으로 우리 귀에 그 해결의 실마리를 친절하게 속삭여준다. 전자의 스핀이 이런 실마리다. 이것은 우리를 양자의 비밀 세계를 들여다볼 수 있게 허락한다.

'스핀'이라는 말과 야구공과 스케이트 타는 사람의 유사성은 양자역학적으로 의미가 없으므로 스핀 파동함수의 두 가지 관측 가능한 상태를 시계 방향과 반시계 방향이라고 정할 필요는 없다. 사실상 그들은 전자의 본래 역학적 모델로써 위/아래(up/down)라고 한다. 또는 오른쪽/왼쪽, +/−, 예/아니요, 앞면/뒷면, 온/오프, 흑/백으로 부른다. 하지만 컴퓨터 코드에 접촉하기 위해 그들은 0과 1로 적절하게 설계된다. 이 두 정수는 페이지 수처럼 적당한 표현일 뿐이다.

스핀 파동함수는 전자의 스핀과 자성의 설명에 아주 유용하다. 왜냐하면 그것은 오직 두 가지 가능한 실제 상황을 가지고 있는 어떤 양자역학적 시스템을 기술하기 때문이다. 그것은 두 가지 다른 구조적 배열 사이에서 앞뒤로 움직이는 분자를 가리킬 수 있는데, 와이어 루프에서 시계 방향이나 반시계 방향으로 흐르는 전류를 가리킬 수 있고, 원자에서 두 가지 특정한 에너지 준위 중 하나를 점유한 전자를 가리킬 수 있다. 또 가로축 또는 세로축으로 특성화된 광선을 가리킬 수 있고, 온전하게 붕괴된 방사성 핵을 가리킬 수 있다. 정확하게 같은 단순한 파동함수는 이들과 수많은 다른 시스템을 기술한다. 단순성 때문에 이 수학적 방식은 양자역학의 학부 과정을 위한 시작점으로써 파인만의 이중 슬릿 파동함수를 대신한다.

스프레드시트로 전자의 스핀은 가장 작은 정사각형 행렬인 2×2 행렬로 나타낼 수 있다. (1×1 행렬은 정사각형 행렬이라고 할 수 없다. 이것은 단순한 숫자이고 양자 중첩을 보여줄 수 없다.)

스핀 같은 시스템은 너무 흔해서 그들만의 이름을 얻을 수 있다. 단지 두 가지 가능한 상태를 갖는 어떤 양자 시스템은 큐비트(qubit)라고 하는데 '큐비트(cubit)'와 발음이 같다. 큐비트(qubit)는 '비트(bit)'가 이진수를 뜻하는 'binary digit'의 약자인 것처럼 'quantum bit'의 약자다. 고전적인 비트(bit)는 0 또는 1의 값을 갖는 간단한 양이며 'off'와 'on'을 뜻하는 토글스위치의 추상적 기호와 같다. 대조적으로 큐비트(qubit)는 실제 양자역학적 물체 또는 시스템이지 기호가 아니다.

불행하게도 큐비트(qubit)라는 말은 이 책 제목인 큐비즘(QBism)과 아무런 관계가 없다. 동음이의어 큐비트(cubit)[3]와 큐비즘(Cubism, 입체파)처럼 말이다. 큐비트는 길이 단위이고, 큐비즘은 20세기 초기의 예술사적 한 사조로 양자역학과 전혀 관계가 없다. 큐비트(qubit)와 큐비즘(QBism) 또한 아무런 관계가 없다. 그들은 quantum(양자)의 q자는 동일하지만, 그 이하 b는 이진법을 뜻하는 'binary'를 의미한다. 대문자 B는 18세기 성직자 토머스 베이즈를 나타낸다. 때로는 과학 용어의 혼란한 세상이 이상한 친구를 만드는 법이다!

큐비트(qubit)는 '큐비트 파동함수'라는 수학적 방법을 이용해 기술된다. 큐비트와 파동함수를 구별하려고 — 영토와 지도의 구별처럼 — 이 책에서 나는 큐비트와 큐비트 파동함수를 나타내는 *큐비트*를 구분할 것이다. 이 구별은 의도적으로 차이를 보여주기 위한 것이다. 왜냐하면 전문 서적에서 코르지브스키의 경고(지도는 영토가 아니다)가 자주 무시되기 때문이다.

구 위의 한 점은 한 실험에 포함된 특별한 시스템에 대한 *큐비*

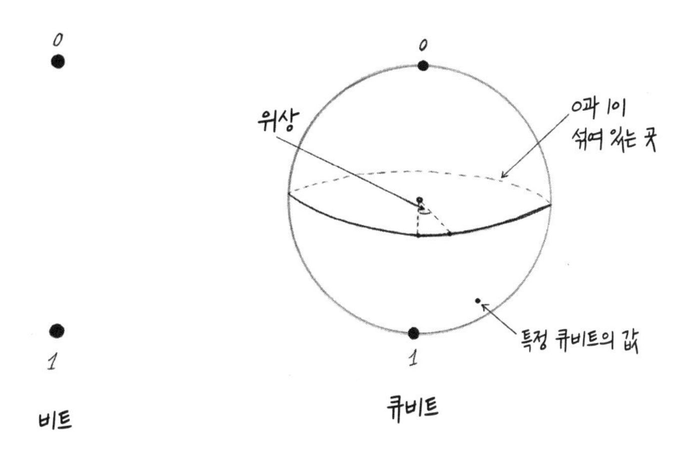

*트*를 상징적으로 나타낸다. 면 위의 모든 점은 확률과 대응한다. 양극에서 측정 결과는 그들이 무엇이었든간에 0과 1로 각각 표시한다. 이 두 극 사이에는 두 값이 섞여 있는 곳, 즉 중첩이 있다. 예를 들어 *큐비트*가 적도에 존재하게 되는 사건은 동전 1개를 던지는 경우와 같이 50% 확률이다. 북반구의 위도에서는 1보다 0이, 남반구의 위도에서는 0보다 1이 될 확률이 커진다. 위도에 비해서 구 위 점의 경도는 고전적인 대응값이 없다. 이것이 완전히 양자역학적 변수이고 상상하거나 접근이 불가능한 우주의 각도로 측정되는 위상을 나타낸다. 구 위의 이웃한 두 *큐비트*는 보강간섭을 일으키려는 경향이 있다(마루와 마루, 골과 골이 만나는). 구의 반대편 *큐비트*가 상쇄간섭을 일으키려는 경향이 있듯이(마루와 골이 만나는) 말이다. 중첩의 특성을 지닌 위상은 고전적 파동의 마지막 메아리로 가장 먼저 양자역학에 영감을 불어넣고 파동함수라는 이름을 만들어주었다.

따라서 작은 *큐비트* 구는 현상과 확률의 관점에서의 해석을 시각화해준다. 양극을 제외한 구 위의 한 점은 독립적인 측정 결과를 예측하는 데 도움이 되지 않는다. 동일하게 준비한 실험들의 반복 시도로 무작위 연속 사건에서는 0과 1이 나온다. 점의 위도는 연속 사건에 각각의 결과가 얼마나 자주 나오는지 예측하게 해준다.

예외적 점인 양극에서는 중첩도 없고 위상도 없다. 양자역학의 불연속성을 반영한 것이다. 양자 조화 진동자와 실제 원자의 에너지 준위들이 연속적이라기보다는 불연속적이고 셀 수 있는 것처럼 전자의 스핀을 포함한 다른 많은 측정은 한 *큐비트*당 2개의 셀 수 있는 수로 제한된다. 양극은 실제 세계에서의 이미지를 고정한다. 이걸 모두 합쳐서 비트로 표현한다.

'*큐비트*'의 가장 주목할 만한 메시지는 그것이 아닌 것에서 나온다. 그것은 보어의 아이콘과 달리 전자의 그림이 아니며 우리 세계에서 어떤 것도 아니다. 그것의 3차원적 모습은 상상의 산물일 뿐이다. 작은 볼의 표면 위 한 점은 실험 결과의 확률을 나타내지만, 실험이 실제로 행해진 후에는 상태 0 또는 상태 1에서 발견된다. 다른 말로 구 위의 한 점이 한 극으로 튀어 올라온 것이다. 이 도약이 악명 높은 파동함수의 붕괴다.

구 위의 한 점은 제때에 고정되거나 정해진 경로를 따라 움직일 수도 있다. 예를 들어 방사성 핵이 특정 시간에 만들어지는 경우를 생각해보자. '*큐비트*'값이 다음 질문의 답을 나타낼 것이다. 핵이 쪼개지거나 어떤 종류의 방사선을 방출하면서 붕괴되었는가? 답은 '아니다'는 0으로, '그렇다'는 1로 표시된다. 처음에 *큐비트* 볼 위의 점은 위쪽 극이 0으로 표시된다. 시간이 지남에 따라 핵이 붕괴될 확률이 높아지고, 점이 아래쪽 극을 향해 미끄러져 내려온다. 그러나 그것은 핵이 관측되지 않는 한 양극점에 결코 존재하지 않는다. 만약 핵의 상태를 실제로 점검해보면 당신은 핵이 온전한지 붕괴되었는지 알게 된다. 그 순간 '*큐비트*'는 양극 중 하나로 붕괴된다. 표면을 따라 움직이는 점의 여정은 양자역학에 의해 완전히 예측 가능하고 수학적으로 기술할 수 있지만, 순식간에 북극 또는 남극으로 올라가는 것은 기술할 수 없다. '*큐비트*'를 측정한 후 0 또는 1의 비트값을 추정할 수 있지만 '*큐비트*'를 측정하기 전에는 비트값을 알 수 없다.

'*큐비트*' 볼의 형상은 중첩, 확률, 불연속성 또는 파동함수의 붕괴를 '설명'하지도 않으며 기호화한 수학 공식을 밝히지도 않지만, 양자역학의 주요한 구성 요소를 간결하게 시각적으로 보여주는 역할을 한다. 이것이 가장 단순한 파동함수의 그림이다. 비록 그것이 하나의 파동처럼 보이지는 않지만 말이다.

II
확률
PROBABILITY

9장

골칫거리 확률

양자역학의 규칙들은 파동함수의 구성에 대한 지침에 아주 명확하다. 때로는 그 방법들이 어려운 수학과 계산의 문제를 제기하지만, 거기에는 '무엇을' 해야 하는지에 대한 의심은 없다. 그것은 오직 물리학자들이 머리를 긁적이게 하는 '방법'일 뿐이다. 마침내 그들의 노력으로 그들 손에는 파동함수가 들려 있게 되었고 실험실로 가져갈 준비를 하고 있다.

이론과 실험 사이의 연결은 '확률'로 밝혀졌다. 즉 파동함수가 확률을 예측하고 실험실이 그들을 시험하기 위한 자료를 제공하거나 반대로 실험적으로 결정된 확률이 파동함수의 계산을 안내할 것이다. 이것이 다른 가능한 실험에 대한 정보를 표현하거나 그들이 만드는 예측을 가능하게 할 것이다. 처음에는 확률 개념이 너무 기본적이어서 직관적으로 명확하게 보인다. 동전 던지기에서 앞면이 나올 확률은 얼마일까? 모든 축구 주장이 잘 아는 것처럼 2분의 1 또는 50%

다. 주사위 2개를 던져 눈의 합이 6이나 7이 나올 확률 중 무엇이 더 클까? 계산해보자. 경우의 수는 모두 6×6=36이지만 6이 되는 것은 (1, 5), (5, 1), (2, 4), (4, 2), (3, 3)이다. 7이 되는 것은 (1, 6), (6, 1), (2, 5), (5, 2), (3, 4), (4, 3)이다. 두 확률은 5/36≒13.9%와 6/36≒16.7%로 7이 될 확률이 6이 될 확률보다 약 3%포인트 크다. 크랩스 게임[1]을 하는 사람이 경험적으로 잘 알듯이.

어떤 사건이 일어날 확률은 단순히 원하는 결과(예를 들어 6의 눈이 나오는 경우)의 수를 가능한 모든 경우의 수(예를 들어 36)로 나누면 된다. 비록 경우의 수가 셀 수 없어도 이 공식은 보통 적절하다. 걸음마를 하는 아기가 눈가리개를 하고 포스터에 그려져 있는 당나귀 몸 어딘가에 핀을 꽂을 '즉 당나귀 꼬리 달기 게임에서 이길' 확률은 얼마일까? 그냥 당나귀의 면적에다가 전체 면적을 나누면 된다. 결과는 0과 1 사이의 실수이며 분수 또는 퍼센트로 표시할 수 있다.

이렇게 계산된 확률은 추상적이고 이론적인 숫자다. 그들이 복잡한 시나리오에서 어떻게 추가되고 결합하는지는 '확률론'이라고 하는 순수 수학의 한 과목이다. 이론이 다루는 확률은 유클리드 기하학의 무한히 가는 선, 차원 없는 점, 완벽한 원보다 더 현실적이지 않다. 확률론과 유클리드 기하학의 추상화가 현실 세계에서 응용되는지는 논리의 문제가 아니라 과학의 질문인 실험과 관측의 문제다. 동전을 던지고 주사위를 굴리는 것은 너무나 단순해 우리 직관이 확신을 필요로 하지 않을 수도 있지만, 인생에서 많은 일처럼 진실은 좀 더 미묘하다. 놀랄 각오를 하시라!

'큐브 팩토리'로 알려진 이해하기 어려운 역설을 생각해보자.

이것은 오래된 퍼즐에 기반을 두고 있고, 1989년 철학자 바스 반 프라센이 제안했다.(이 예는 큐비즘의 맥락에 부합하는 아주 적절한 것처럼 보인다.) 모서리 길이가 0에서 1㎝로 무작위로 분포된 작은 세라믹 입방체를 수없이 쏟아내는 도자기 공장을 상상해보자. 이들 입방체 조각 중 하나를 무작위로 집어 들어 조사해보자. 입방체 모서리 길이가 0과 0.5㎝ 사이에 있을 확률은 얼마일까? 언뜻 보기에 정답은 '1/2'이다. 왜냐하면 나올 수 있는 결과의 영역이 전체 영역의 절반이기 때문이다. 하지만 잠깐! 입방체 각 면의 면적이 0부터 1㎠로 변한다는 것을 알아야 한다. 따라서 당신 손안에 든 입방체가 0과 0.5㎝×0.5㎝ 또는 0.25㎠ 사이가 될 확률은 무엇일까? 0.25는 전체 영역의 4분의 1이다. 따라서 확률은 4분의 1로 떨어진다. 이것도 아니다. 만약 당신이 길이나 넓이 대신 부피로 측정한다면 영역이 0부터 1㎤까지고, 문제는 다음과 같이 된다. 입방체가 0과 0.5㎝×0.5㎝×0.5㎝=0.125㎤ 사이가 될 확률은 무엇일까? 정답은 '8분의 1'이다. 단순한 질문에 대한 세 가지 다른 정답이 역설을 만들게 된다. 어느 것이 맞을까?

수학적으로 이 문제는 해가 없다. 실제로 정답 중 하나는 제조 과정을 고려하여 선택할 수 있다. 기계 내부 어딘가에는 일종의 무작위화 과정이 있어야 한다. 그것은 0과 1㎝ 사이를 무작위로 측정할 수 있는 캘리퍼스일까? 만약 그렇다면 첫 번째 답이 맞다. 또는 0과 1㎤ 사이의 부피에 맞게 점토를 무작위로 측정할 수 있는 완전한 입방체를 만들 수 있는가? 이 경우에는 세 번째 답이 맞다. 또는 무작위화가 다른 방법으로 일어날 수 있다면 바스 반 프라센의 문제에 대한 네 번째 답도 가능할 것이다.

큐브 팩토리는 실제 응용할 때 조심스럽게 사용해야 하는 강력한 수학 도구임을 상기해준다.

논리와 수학뿐만 아니라 자연 자체가 놀라움을 만들어낸다. 공 2개를 생각해보자. 공들은 흰색과 검은색으로 각각 칠해져 있고 다른 항아리 2개에 담겨 있다. 항아리에 공이 들어 있는 모든 경우의 수는 네 가지다. (흰검, 0), (흰, 검), (검, 흰) 그리고 (0, 흰검)이다. 2개 공이 같은 항아리에 있을 확률은 명확하게 4 중 2이므로 1/2이다. 이런 방식으로 확률을 정하는 것은 몇 세기 동안 표준 방식이었고 완벽하게 보인다. 두 후보 중에서 한 명을 투표하거나 포커에서 홀수 그림들이 나올 확률과 같다. 하지만 양자 세계에서는 다르다는 것을 알게 된다.

광자는 항아리 속의 공과 같지 않다. 그들의 행동은 일상적 세계와는 다른 양자역학의 또 다른 기이한 성질을 보여준다. 진동수가 같은(같은 색깔) 광자들은 서로 완전하게 구별할 수 없다. 새 동전은 역시 닮아 보이지만 현미경으로 들여다보면 표면의 거친 정도로 쉽게 구별할 수 있다. 비록 기술적으로 도움을 받아야 알 수 있을 정도로 동전이 같다고 하더라도 공간과 시간을 타고 그들의 여정을 따라갈 수 있고 그들이 어디를 돌아다녀도 구별할 수 있다. 동전들은 모양뿐만 아니라 역사적으로도 구별할 수 있다. "이것은 A페니고, 저것은 B페니다"처럼 항상 유효하고 증명 가능한 얘기다. 그러나 광자는 이처럼 분류할 수 없다. 광자가 서로 가까이 다가가면 파동 같은 성질이 나타나 중첩되고 그들의 정체성을 잃게 된다. 동전과 달리 광자들은 근본적으로 구별하기가 불가능하다.

다른 극성(항아리를 대신해서) 2개 사이의 분포는 다른 광자 2개를 배치하는 유일한 가능성을 별표로 나타내면 (**, 0), (*, *) 그리고 (0, **)이다. 같은 상태의 극성을 갖는 두 광자를 발견할 확률은 1/2에서 2/3로 높아진다. 이것이 커 보이지는 않지만 실제 응용에서 수없이 반복하면 광자의 통계를 근본적으로 변화시킨다. 인도의 물리학자 사티엔드라 나트 보스가 가설적 진동자보다 광자에 집중하여 이런 기존에 없던 계산법을 만들어냈고, 플랑크의 복사 법칙을 재유도하는 데 성공했다. 광자를 발명한 아인슈타인도 이런 계산에 깊은 인상을 받았고 놀라워했다. 아인슈타인은 이 사실을 다른 물리학자들도 들을 수 있게 했고 광자뿐만 아니라 다른 커다란 입자에도 응용할 수 있게 보스의 버전을 일반화했다. 80년 뒤인 2001년 노벨물리학상은 보스-아인슈타인 통계의 실험적 관측으로 돌아갔다.

전자 역시 서로 구별이 불가능하지만 보스의 방법이나 보통의 고전적 방법과 다른 세 번째 방법을 따른다. 전자는 광자의 행동과 반대로 행동한다. 광자는 서로 모이려는 경향이 있지만 전자는 서로 피하려고 한다. 만약 2개 항아리를 한 원자에서 에너지 상태 또는 두 가지 스핀 방향으로 바꾸어보면 '배타원리'라고 하는 양자역학의 법칙이 두 전자가 같은 장소를 점유하지 못하게 한다. 따라서 (**, 0)과 (0, **)은 엄격하게 금지되고 오직 (*, *)만 허용된다. 만약 이 이상한 법칙이 마법적으로 없어진다면 모든 원자에서 모든 전자는 가능한 한 가장 낮은 에너지 상태로 떨어질 것이다. 화학 세계의 고유성은 사라지고 물질은 붕괴할 것이다.

두 가지 다른 간단한 계산 방법은 근본적 확률을 바꾸어놓았다. 그것은 결국 입자의 양자 통계를 정하고 물질과 복사의 행동에 대한 심오한 결과를 만들어냈다. 사실상 이 결과는 심오한 것 이상으로 실존적 존재다. 보스-아인슈타인 통계 또는 배타원리가 없다면 우리가 아는 세계는 존재하지 않는다.

기본 입자를 분류할 때 구슬을 분류하는 방법을 쓰는 것은 부적절하다. 파동/입자 이중성, 스핀의 개념, 모든 것이 처음부터 다시 부딪치게 된다. 기본 입자는 인간의 상식으로 다룰 수 없다.

큐브 팩토리나 입자통계학 같은 이론과 실험적 놀라움은 양자물리학자들이 확률을 처음 적용했을 때 경고의 깃발을 올려야 했지만 그들은 그렇게 하지 않았다. 이러한 것들이 좀더 철저하게 생각되는 데 실패를 한 이유 중 일부는 물리학자들의 의구심을 무시했고 철학을 경시하는 것 때문인지도 모른다. 사실 확률은 심지어 어린이들도 사용하는 일상적 개념일 뿐만 아니라 몇 세기 동안 학자들 사이에서 논쟁의 대상이 되었다. 어떤 경우든 어떤 이유에서든 양자물리학자들은 이론과 실험이 만나는 점까지 도달했을 때 경계를 낮추고, 비판력을 버리고, '어떤 경우의 수를 모든 경우의 수로 나눈 것'으로 확률의 정의를 당연하게 여겼다. 왜냐하면 그것은 어떤 사건이 일어나는 것을 계산의 기반으로 했기 때문이다. 이런 확률의 의미를 설명하는 것을 '빈도확률'이라고 한다. 이것은 19세기 중반부터 20세기 전반까지 엄연한 수학 과목으로 자리 잡았고 자명한 진리로 학교에서 가르쳐져 왔다. 숫자의 비율로 정비됨으로써 빈도확률은 관측 가능하고 객관적인 태도를 취할 수 있었다. 동전을 던졌을 때 나오는 50% 확률은 실제 일어나는 일이고, 동전의 고유 성질로 질량과 크기처럼 측정 가능한 특성처럼 보인다.

하지만 심지어 확실한 빈도확률론자들도 그리 멀리 가지는 못했다. 그들은 일련의 동전 던지기에서만 얻은 확률을 가지고 객관적인 성질을 주장하지만, 동전 또는 던지는 행위는 분석하지 않았다. 그들의 확률에 대한 정의는 다음과 같은 말을 들춰내는 것이다. "균형 잡힌 동전을 공정하게 많은 횟수를 던져 앞면이 나오는 경우는 약 50%이므로 앞면이 나올 확률은 거의 1/2이다." 하지만 수학자들은 '크다', '약', '거의'와 같은 모호한 말로는 만족하지 않는다. 그래서 그들은 무한한 일련의 동전 던지기를 상상한다. 그러한 변화와 함께 앞면의 숫자가 정확히 50%와 확률 1/2에 도달한다. 불행하게도 이 정의는 객관성을 잃는다. 정의가 가설이 되거나 실험적으로 증명 불가능한 가설이기 때문이다.

빈도확률론자들의 또 다른 문제는 '공정한'이라는 말이다. 동전이 완벽하게 대칭이고 던지는 방법이 반복될 때마다 절대적으로 같다고 확신해야 한다. 그러나 실제 세계에서는 대칭인 동전들과 편파적이지 않은 동전 던지기가 존재하지 않는다. 실제로 이것은 좋은 것이다. 만약 동전을 던질 때마다 동등하게 던져진다고 확신할 수 있다면 결과는 항상 같아질 것이다. 최소한 뉴턴물리학, 고전역학, 결정론적 세계에서는 말이다. 거기에는 앞면과 뒷면의 무작위적 결과가 없다. 동전 던지기는 더 이상 확률론을 따르지 않게 된다. 그래서 실제 실험에서는 동전과 던지기에 대한 제한된 정보만 다룬다. 약간의 변수를 허락하기에 충분하지만 동시에 법칙처럼 보이는 통계적인 일관성이 나타나는 것을 방해하지는 않는다.

형식적인 수학적 확률이론가들은 이런 걱정에서 스스로 거리를 두고 확률에 대한 정확한 값을 가정한다. (가상으로 주사위를 1개 던질 때 어떤 눈이 나올 확률이 1/6인 것처럼.) 그리고 기본 공리로써 무한한 시행을 받아들이고 도박사, 여론조사원, 의료통계학자 그리고 물리학자에게 실제 세계의 응용을 떠넘긴다. 수학자들은 실제 세계의 어려운 문제에 대해 냉담하다. 동전 던지기는 결코 무한히 할 수 없다는 것을 알게 되고 수학자들은 그들의 정의와 공리를 가다듬고 완벽한 동전, 편파적이지 않은 동전 던지기, 무한 참을성에 대한 엄격한 이론을 증명한다. 물리학자들에게는 이런 고상함은 없다.

확률에 대한 빈도확률론자의 해석에서 가장 중요한 원리는 실제 세계의 경험으로부터 수학을 분리하는 데 가장 효과적인 원리이기도 하다는 것이다. 그것은 확률은 여러 번 시도할 때 적용되는 것이지만, 단일 경우나 각각의 사건에 대해서는 아무것도 요구하지 않는다고 주장한다. 빈도확률론자들에게 '단일 경우 확률'은 한 가지 수에 적용된 '차이' 또는 독립된 입자에 적용된 '끌림'의 개념이므로 무의미하다.

이런 제한을 이해하지 못하는 것은 학교 선생님들의 골칫거리인 '도박사의 오류'와 관련이 있다. 그것은 동전을 100번 던져 앞면이 나온 후에 101번째도 앞면이 나오지는 않을 것이므로 뒷면이 나올 확률을 50%보다 높다고 확신하는 잘못된 믿음이다. 특히 도박사의 오류는 동전 던지기나 주사위 굴리기, 카드 돌리기, 룰렛 바퀴의 회전에 대해 여러 차례 성공했을 때 결과가 이미 지나간 결과를 의미하며 이것이 확률 개념을 잘 정의할 수 있느냐는 것인데, 이것은 다음번에 대해 아무런 예측을 하지 못한다. 이런 규칙은 이미 잘 알려진 상식이며 학생들 머리에 주입되어 있다.

빈도확률은 엄격하게 통제된 실험을 여러 차례 시도하는 물리학자들에게 유용하다. 하지만 우리가 일상생활에서 만나는 단일 경우 확률에 대한 연관성은 제외한다. 빈도확률 견지에서 "오늘 오후 비가 올 확률은 30%야." "이 우유는 아마도 상했어." "그녀는 아마도 날 사랑해." 같은 이야기는 오바마 대통령이 오사마 빈 라덴이 발견될 확률이 55 대 45라고 추측하는 것처럼 모두가 무의미하다.

이 이야기는 공식적 확률론과 우리 경험상 실제 이용하는 확률 사이의 차이를 말해준다. 무대에서 도박사가 동전 던지기를 하는 게임장에 함께 들어가서 게임을 같이 하자고 도박사에게서 제의받았다고 하자. "앞면이 나오면 1달러를 주겠소." 도박사가 말했다. "앞면! 그럼 뒷면이 나오면 내가 당신에게 1달러를 주겠소. 아주 간단하군!" 도박사의 오류를 피하고 모험을 즐길 자신이 있다면 당신은 당신 운을 시험해보기로 할 것이다. 하지만 당신이 결정하려고 할 때 당신 친구가 귀에 대고 속삭인다. "100번이나 계속 앞면이 나왔어!"

다음에 어떻게 할 것인가? 동전은 공정한가? 친구의 정보는 맞는가? 도박사는 정직한가? 등을 물어봄으로써 이 이야기를 보잘것없는 문제로 바꾸지 말기 바란다. 액면 그대로 시나리오를 받아들이고 실제로 무슨 일이 일어날지 생각해보라. 모호하고 불확실한 실제 세계의 경험이라고 상상하기 위해 최선을 다하려고 노력하라. 나를 위한 정답은 명확하다. 과거의 사건들이 확률에 영향을 미칠 수 있다고 하는 믿을 수 없는 도박사의 오류에 굴복하게 된다. 빈도확률론을 거부하고 대신 내 직관에 의지한다. 비록 이론상으로라도 연속해서 앞면이 100번 나올 수 있고 이것은 다음번 결과에 영향을 미치지 않는다고 해도 내기를 하지 않을 것이다.

통계학자는 '만약' 동전이 정말로 공정하고 던지기가 정말로 편파적이지 않고, 도박사와 친구가 정말로 정직하다면 내기를 해야 한다고 주장함으로써 그의 이론을 방어할 것이다. 충분히 공정하다고 하지만 내가 그것을 어떻게 알 수 있을까? 다른 증거가 없다면 나는 1달러의 손해도 보지 않을 것이다. 안 그런가?

무엇이 동전이 공정하다고 나에게 확신을 줄까? 만약 나 또는 어떤 나를 믿는 다른 사람이 100번 던져서 겉보기에 무작위 순서로 약 절반이 앞면이 나왔다면, 나는 그것이 공정하고 최소한 모든 현실적 목표로는 공정하다는 데 동의할 것이다. 그러나 이러한 결론에 도달하기 위해 적용해야 할 추론도 겉보기만큼 간단하지 않다.

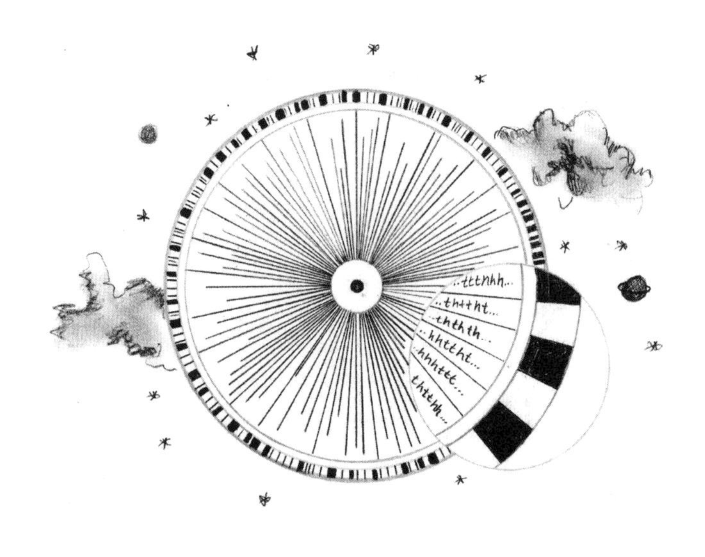

양자역학의 큐비스트 해석에 대한 초기 지지자인 수리물리학자 마커스 애플비는 생생한 우화를 제안하여 이 점을 설명했다.[2] 앨리스가 37까지 쓰여 있는 유러피언 룰렛을 돌리고 숫자 11이 나오자 바퀴는 공정하다고 결론을 냈다고 하자. 그녀 주장은 전혀 유효하지 않고 정상적으로 사고하는 사람이라면 그것을 묵살할 것이다. 한 번 돌렸을 때 결과는 바퀴의 공정성에 대해 어떤 의미도 줄 수 없다. 이제 밥이 동전을 100번 던지는 다른 경우를 생각해보자. 실험에 따라 앞면과 뒷면이 나온 결과를 보니 앞면 50번과 뒷면 50번이 겉보기에 무작위 순서로 나왔다면 동전은 공정하다고 결론을 낼 것이다.

만약 밥이 다른 것 말고 관측된 사실에만 의지한다면, 그의 주장은 앨리스의 주장과 다르지 않다. 수학적 확률론의 견해에 따르면 동전 던지기 100번의 결과는 2^{100}개 구역으로 나뉜 거대한 룰렛 바퀴를 한 번 돌리는 것과 같다. 각각 100개의 앞면과 뒷면이라는 서로 다른 시퀀스를 나타낸다.(만약 그것이 룰렛을 구슬 크기 공으로 만들 수 있다면 이 괴물 기계는 관측 가능한 우주의 유한한 크기에 들어가지 않을 것이다.) 구역 중 하나는 밥이 동전을 던져 얻은 결과를 정확하게 나타낸다. 그래서 이 엄청난 바퀴의 회전 한 번으로 그는 모든 다른 결과가 거의 같다고 주장한 결과를 얻을 수 있고, 바퀴 또는 동전은 공정하다고 할 수 있다. 규모로 보면 거대한 차이가 있음에도 밥의 주장은 앨리스의 주장만큼 불완전하다.

애플비는 빈도확률 개념에서 골치 아픈 모순을 설명하기 위해 이 이야기를 만들어냈다. 엄격하게 말하면 확률의 정의는 한 가지 사건에 대해서는 존재하지 않는다. 그 대신 어떤 사건의 수를 모든 경우의 수로 나눈 것은 유한 수든 무한 수든 사건 반복 횟수의 총합적 성질이다. 그리고 룰렛 이야기가 보여주듯이 확률 개념이 한 가지 사건, 즉 단일 경우 확률에 적용된 것은 그들이 그것을 정의하지 않았는데도 빈도확률론자들이 암암리에 이용하고 있다.

동전이 공정하다고 주장하기 위해서 밥은 사실 룰렛의 분석을 거부하고 무언의 가정에 근거한 주장을 만들어야 한다. 그는 100번 동전 던지기가 독립적이고 앞면이 나올 확률이 던질 때마다 같다고 가정해야 한다. 하지만 이것만으로는 불충분하다. 만약 그가 그런 가정을 만들고, 앞면이 나올 확률의 수치로 1/2을 쓴다면 그가 관측한 특별한 결과를 얻기 위해 $(1/2)^{100}$이라는 아주 작은 확률을 얻게 될 것이다. ($(1/2)^{100}$ 이라는 수는 상상할 수 없이 작다. 이것은 미터자 길이를 100번이나 반으로 자른다는 것을 표현한 것으로, 순전히 우연의 일치로 미터 단위로 표현한 플랑크 상수보다 살짝 크다.) 불행하게도 밥은 이 극히 작은 확률로 할 수 있는 것이 아무것도 없다. 그것은 룰렛에서 숫자 11이 나올 앨리스의 확률 1/37과 같이 공정성에 대해서는 아무것도 의미하지 않는다. 특히 공정하지 못한 동전도 밥이 얻었던 앞면과 뒷면의 결과를 만들어낸다. 밥은 이론을 좀 더 깊이 조사해야 하고 동전 던지기에서 앞면이 나올 유명한 확률 1/2의 가정 대신에 다른 확률을 생각해야 한다. 0.7 또는 0.2 같은 값은 각각 앞면이 나올 확률을 너무 크게 또는 너무 작게 생각한 것으로 그는 자신이 관측한 특별한 결과에 대해 확률 계산을 다시 해야 한다. 다만 이러한 가정과 계산 후에 그는 다음과 같이 유용한 결과에 도달한다. 즉 그가 관측한 결과에 대해 계산한 확률은 비록 작지만, 그가 동전이 편파적이라는 가정하에 얻은 것보다 확률 0.5를 가정하면 훨씬 더 크다. 결국 여기서 질문에 대한 수학적 답변은 이렇다. 동전은 공정한가? 그렇다. 왜냐하면 확률 1/2이 양적으로 가장 증명 가능한 가정이기 때문이다.

밥이 강요를 받았다는 사실을 주목하자. 그는 반복해서 단일 경우의 확률을 언급한다. 우선 그는 이 확률이 던질 때마다 같다고 가정해야 한다. 이 말은 만약 확률이 한 번 던졌을 때로만 정의된다면 의미가 통한다. 그러고 나서 그는 전체 결과에 대한 가장 그럴듯한 확률이 나오는 것을 찾기 위해 단일 경우 확률의 실제 수치를 배정해야 한다. 특정 값이 0.5 근처로 나올 때 그는 동전이 공정하다고 주장할 수 있다.

애플비는 빈도확률이 수많은 시도의 결과(유한 또는 무한)에 배타적으로 기반하지 않았다고 결론을 낼 수 있었다. 일관성을 유지하려면 확률이론에서처럼 '원자' 같은 기본 입자로서 한 가지 경우의 확률을 인정해야 한다. 빈도확률은 일관성이 결여되어 있다.

이 책 끝에서 애플비는 큐비즘의 공동 창안자인 크리스토퍼 푹스에게 '이 문제의 중요성'을 보게 해줘서 감사하다고 했다. 이 감사는 큐비스트와 벌인 괴로운 다툼을 의미한다. 물리학회에서 대부분 내 동료들은 그 문제를 확률 개념으로 전혀 인식하지 못한다. 그들은 이런 문제의 중요성을 이해하는 데 실패했다.

10장

베이즈 목사의 확률

양자 베이지어니즘—큐비즘—은 수학자이자 통계학자인 장로교 목사 토머스 베이즈(Thomas Bayes, 1701~1761)의 확률 해석에 기반한다. 그의 명성은 그가 죽은 뒤 출판된 논문 한 편에 근거한다. 그 논문에서는 '베이즈 법칙(또는 베이즈 정리, 베이즈 규칙, 베이즈 공식, 베이즈 방정식 등으로 알려진)'이라 부르는 더 일반적인 결과의 특별한 경우를 소개했다.[1] 베이즈 법칙은 '베이지언 확률론'의 핵심으로 천문학자이자 수학자인 피에르 시몽 라플라스(Pierre-Simon Laplace, 1749~1827)가 시작했고 후대 학자들이 개발했다.

라플라스 이후 1세기 동안 확률론과 통계학은 베이지언 전통에서 계속되었다. 그리고 다이어그램 창시자로 유명한 존 벤(John Venn, 1834~1923)을 포함한 여러 수학자가 '더 객관적인' 확률을 만들기 위한 반복적 시도로 빈도확률을 소개했다. "어떤 경우의 수를 모든 경우의 수로 나눈다"라는 매혹적이고 단순한 공식은 결국 모든 수업에서 가르치게 되었다. 물리학자들 역시 물리학 실험이 이론상으로는 단순하고, 반복 가능하고, 정량화할 수 있어야 하므로 빈도확률론을 채택했다. 불확실성이 크고 모호성이 많은 다른 학문, 특히 생물학, 심리학, 경제학 그리고 의학은 균형 잡힌 동전 던지기와 무한 반복 실험 세계의 상상력과 연결하는 것을 힘들어했다. 20세기 중반 무렵, 유행의 바람이 바뀌게 된다. 빈도확률론의 대안으로 오래된 베이지언 관점으로 돌아가기 시작했다. 심지어 엄청난 양의 자료에 빠져 있는 천문학자들과 실험물리학자들이 그것을 다시 발견했다.[2] 결국 21세기가 시작되면서 이런 경향이 양자역학에도 영향을 주었고 큐비즘이 탄생했다.

수학자들, 통계학자들 그리고 수리철학자들 사이에서 베이지언 통계의 개념이 분석되어 해부되고 재조립되었고 놀라운 변화와 개선으로 이어졌다. 큐비즘은 '개인적'이고 '주관적'인 베이지어니즘을 기반으로 한다. 이것은 이 책에서 내가 고려할 방식이다.

확률은 어떤 사건이 일어날 가능성을 측정한다. 평상시 대화에서 가능성의 추정은 "불가능한, 있음 직하지 않은, 아니 말하기 어려운, 상당히 그럴듯한, 거의 확실한, 확실한, 추호도 의심할 여지가 없는"과 같은 말을 하지만, 과학적 결과를 위해서는 수치로 확률을 나타내려고 한다. 예를 들어 이상적인 상태에서 동전 던지기나 과녁 앞의 전자총처럼 통제 가능한 상태에서 수행할 수 있는 빈도확률이 그런 일(수치로 나타내려는 일)을 한다. 하지만 우리가 본 것처럼 논리적 일관성 관점에서 봤을 때, 실용적 목적에서도 마찬가지지만 고유한 사건에 적용할 수 있는 확률의 정의가 필요하다. 빈도확률은 도움이

안 된다.

베이지어니즘은 외부 물질세계에 있는 확률을 '행위자(agent)'라고 하는 사람의 마음속으로 옮긴다. 여기서 행위자(agent, '하다'는 뜻의 라틴어 'agens'에서 나옴)는 다른 사람을 대표하는 것이 아니라 결정을 내리거나 행위를 할 수 있는 사람이다. 베이지언 확률은 어떤 사건이 일어나거나 명제가 진실일지에 대한 행위자의 개인적 '신뢰도'를 측정하는 것이다. '행위자'라는 말은 정의와 실제로 일어날 수 있는 상황을 내포한다. 어떤 방식으로도 세계에 영향을 미치지 않는 개인적 사색은 과학과 관계가 없다. '신뢰'는 개인적이고 주관적이다. 이것은 결과에 여러 가지 다양한 영향을 미치며 행위자만이 무엇인지 정확하게 알 수 있다. 베이지언들은 행위자의 신뢰의 근원을 캐내거나 판단하기 위해 추정하지 않는다.

하지만 베이지언들은 신뢰의 '정도'를 정량화하기를 원한다. 당신이라면 신뢰 정도를 어떻게 측정할 것인가? 결과가 겉으로 알아볼 수 있는 행위로 나오지 않는 한 신뢰 정도를 측정할 수 없다. 정량적 측정을 수로 바꾸는 데 이용하는 독창적 장치는 공식화된 내기 형태다. 행위자는 내기를 하는 사람 역할을 한다. 행위자가 생각할 수 있는 내기에서 기꺼이 걸 수 있는 금액 — 행위자가 어떻게 결정하든 상관없이 — 은 어떤 사건이 일어날 확률을 측정함으로써 결정한다. 따라서 확률론은 옛날부터 시작된 도박과 운에 좌우되는 게임으로 돌아간다.

내기 과정을 표준화하고 확률을 0과 1(백분율도 마찬가지) 사이의 실수로 측정할 수 있도록 하기 위해서 베이지언 정의는 다음과 같이 발전되었다. 내기 당사자들 사이의 표준 계약은 다음 문장에 포함된 쿠폰 형태를 취한다. "사건 E가 일어나면 쿠폰 판매자가 구매자에게 1달러를 지불할 것이다." 내기에 돈을 건 사람이 사건 E의 정확한 내용에 동의하면 서로 쿠폰을 사고팔 것이다. 만약 구매자가 그 사건이 확실히 일어난다고 생각하면—예를 들어 내일 태양이 뜰 것이다—행위자는 그 사건에 대해 확률이 1이라고 생각할 것이다. 그러면 행위자는 쿠폰을 사기 위해 1달러까지 지불할 용의가 있을 것이다.(1달러를 다 내는 것은 이익이 없다. 바보 같은 내기다.) 한편 사건 E가 일어나지 않을 것으로 생각한다면—예를 들어 커피잔을 놓았을 때 천장을 향해 올라가는 경우—확률이 0이라 생각하고 쿠폰을 위해 돈을 지불하지 않을 것이다.

이 과정은 사건이 확실하지도 불가능하지도 않은 경우로 확장할 수 있다. 예를 들어 동전 던지기를 생각해보자. 행위자는 학교에서 배운 지식과 경험으로 앞면(이 경우 사건 E)이 나올 확률이 1/2이 될 거라는 점을 알고 있다. 그래서 행위자는 쿠폰을 위해 50센트를 지불할 것이다. 그러고 나서 동전을 던졌다. 만약 앞면이 나오면 행위자는 1달러를 돌려받고 50센트의 이익을 얻게 된다. 만약 뒷면이 나오면 행위자는 50센트를 잃게 된다. 공정한 내기다.

일반적으로 확률의 공식적인 베이지언 정의는 비과학적으로 들릴지 모르지만 다음과 같다. 행위자의 사건 E가 일어날 확률 p는 행위자가 만약 사건 E가 일어난다면 얻을 수 있는 1달러 가치의 쿠폰을 p달러까지는 지불할 용의가 있다는 것을 의미한다. 역으로 행위자는 p달러에서 그 이상으로 쿠폰을 팔 용의가 있다는 것이다.

따라서 정의된 확률은 0과 1 사이(이 수들을 포함하여) 빈도확률처럼 실수로 나타낼 수 있다. 하지만 겉보기에는 비슷하지만 두 가지 정의는 서로 근본적으로 다르다. 특정한 전통이 있는 사람들에게 완전히 새로운 문화로 바꾸도록 하는 것은 쉽지 않다. 새로운 칫솔과 달리, 확률의 새로운 이해는 하룻밤 사이에 옛 모델을 대체할 수 없다. 이런 이유만으로 큐비즘은 물리학계를 사로잡지 못하겠지만, 게임을 멈추게 할 수 있는 중지자가 없고, 즉석에서 물리학을 배제하는 반대도 없다. 베이지언 확률은 과학과 기술 세계에서 충분히 적절하고 효율적인 도구로 가치를 인정받았다. 큐비즘은 베이지어니즘 확률을 양자역학의 이용 영역으로 확장했다.

나를 포함한 물리학자들은 베이지언 확률을 처음 만나면 당황하게 된다. '신뢰도' 이야기는 물리학의 통상적 어휘로는 완전히 외계인처럼 느껴진다. 물리학자들은 '자연의 위대한 법칙'이 주관적 또는 개별적 행위자의 신뢰도와 거래 등에 관련되어 있지 않다고 생각한다. 하지만 대안인 빈도확률론은 현실 세계를 외면한 무의미한 탁상공론 같은 불만스러운 방법이다. 도박사의 오류를 거부함으로써 — 확률은 한 가지 경우의 사건에 대해 관측 가능한 무엇인가를 예측할 수 있다 — 빈도확률론은 미래의 행동에 대해 결정을 내릴 때 그 자체를 무관하게 만들어버린다. 만약 '오늘 오후 비가 올 확률이 70%다'의 예보가 실제 일어날 일에 대해 아무것도 이야기하지 않는다면 이 예보는 어떻게 내가 집을 나설 때 우산을 챙길지 결정하는데 어떤 도움을 줄까? 사실 이 예보는 무언가는 의미한다. 나는 70% 예측을 오늘 오후를 예상하는 데서 나의 '신뢰도'로 해석한다. 그리고 물론 그것은 내 결정에 영향을 준다. 오사마 빈 라덴이 집에서 발견될 거라는 오바마 대통령의 평가가 알 카에다 지도자를 공격하라는 명령을 내리는 데 중대한 영향을 미쳤던 것처럼.

만약 물리학이 죽은 사실을 수집하기보다 방대한 인간의 모험이라고 여겨진다면 물리학도 계속 이어지는 결정이 필요할 것이고, 마침내 그들은 신뢰도를 바탕으로 할 것이다. 모든 자료의 계산, 모든 새로운 계산법 개발, 모든 실험 설계, 모든 토론과 결론, 모든 여행의 단계는 다양한 선택 사이의 결정을 포함한다. 그리고 사건의 확률 추정은 이 모든 것에 대해 도움을 준다.

결정에 더하여 개정도 있다. 변화 가능성보다 베이지언 확률의 특징을 빈도확률론으로부터 더 명확하게 구별할 수 있는 것은 없다. 개인의 신뢰도가 변하면 사건의 확률도 따라서 변한다. 동전 던지기로 모델화한 빈도확률은 한번 정의되면 확정된다. 하지만 인간의 마음속에 있는 베이지언 확률은 중간에 바뀔 수 있다. 그리고 이 유연성이야말로 정확히 베이지언 확률이 처음 시작된 곳이다. 베이즈 법칙은 어떤 새로운 증거가 제시되어 원래 신뢰도가 수정될 때 확률 변화에 대한 수학적 처방이다. (내가 도박장에서 도박사에 대해 내 상식을 어떻게 바꾸는지를 기억해보라.)

베이즈 법칙은 다음과 같은 질문에 답한다. 당신이 어떤 특별한 사건이 일어날 확률의 값을 알고 있거나 추정했다고 하자. 그런데 만약 그다음에 당신이 실험 결과나 새롭고 적절한 정보를 알게 되었다고 하자. 기대하지 못했던 새로운 사항과 같은 새로운 정보가 당신의 확률 측정치를 어떻게 바꿀까?

베이즈 법칙의 가치는 수학적 엄격성에 있다. 확률은 믿음이고 사실과 반대되는 믿음은 유연함이다. 하지만 확률들과 새로운 정보가 어떻게 업그레이드된 확률을 만들어낼까? 그 과정은 피타고라스 정리처럼 간단하고 반론할 여지가 없는 수학적 결과다.

한 가지 예로 그 법칙을 설명한다. 일반 대중에게 0.5% 발생률로 잘 알려진 암이 있다고 생각해보자. 그러면 200명 중 1명이 암에 걸린다는 것을 의미한다. 그 질병에 대한 새로운 혈액 검사 방법이 발견되어 99% 신뢰할 수 있는 경우를 생각해보자. 검사 결과의 1%만이 틀릴 것이다. 당신 주치의가 당신이 그 병에 걸렸다고 의심하면 혈액 샘플을 채취하여 분석을 의뢰할 것이다. 며칠 후 놀랍게도 그는 전화로 당신에게 검사 결과 양성이 나왔다고 말한다.

당신이 실제로 암에 걸릴 확률은 얼마일까? 당신이 얼마나 걱정해야 할까? 결과가 무척 믿을 만하게 보이므로 당신은 최악을 추측해야 할까? 당신은 친구와 가족에게 알릴 것인가? 당신은 다른 의견을 구해야 할 것인가? 어떻게 하면 여러 가지 가능성을 합리적으로 평가해 심해지는 고통을 완화할 수 있을까? 검사 결과가 잘못되어서, 즉 가짜 양성이어서 당신이 실제 암에 걸리지 않았다는 한 줄기 희망을 가질 수 있을까?

베이즈 법칙은 이런 질문에 대해 생각할 수 있는 정돈된 방법을 제공한다. 네 가지 다른 확률 사이의 관계는 0과 1 사이 또는 백분율의 수로 나타낼 수 있다. 당신의 검사 결과가 양성이라는 새로운 정보는 플러스 기호로 표시하고, 당신이 실제로 암에 걸렸다는 것을 얼굴을 찡그린 기호로 표시한다. 따라서 $p(+ \rightarrow ☹)$는 다음 질문에 대한 수치적 대답을 표시한다. "양성의 결과가 당신이 실제 암에 걸린 것을 의미한다." 이 이야기에서 당신의 신뢰도는 얼마일까? 이것은 당신의 느낌을 기반으로 찾아야 하는 가능성을 나타내는 수다.

베이즈 법칙의 두 번째 요소는 만약 환자와 건강한 사람을 포함해 일반 대중이 모두 검사를 받고, 그 검사 결과가 양성으로 나올 확률이다. 이것을 $p(+)$라고 하자. 세 번째는 당신이 검사를 받기 전에 실제 암에 걸릴 확률이 $p(☹)$라고 하자. 이것은 단지 이야기를 시작하기 전에 했던 것처럼 일반 대중에게 발병 정도, 즉 0.5%다.

네 번째 수는, 베이즈가 알았던 것처럼, 계산의 핵심이다. 이것은 $p(☹ \to +)$로 표시하고 당신이 암에 걸렸다고 확신할 때 검사 결과도 양성으로 나올 확률을 뜻한다. 기호가 암시하듯이 반대 질문에 대한 대답인 역확률이다. "만약 내가 양성이라면 암에 걸릴 가능성은 얼마일까?"가 아니라 "내가 암에 걸렸다면 양성이 나올 가능성은 얼마일까?"다. 이 두 질문에 대한 경솔한 혼돈이 많은 피해를 일으킨다! 이들은 "대부분 범죄자가 남성이다"와 "대부분 남성이 범죄자다"라는 말과 같이 근본적으로 다르다.

이제 기계는 설치되었다. 베이즈 법칙은 간단한 방정식으로 나타낼 수 있다.

$$p(+) \times p(+ \to ☹) = p(☹) \times p(☹ \to +)$$

직감적으로 이것은 이해하기 쉽다. 숫자 대신 백분율로 명백한 사실을 표현한 것이다. 당신은 전체 인구 가운데 양성인 모든 사람 p(+)를 선택할 수 있고 '그들 중에서' 오직 암에 걸린 p(+ → ☹)를 선택할 수도 있다. 먼저 암에 걸린 사람 p(☹)를 선택하고 그들 중 오직 양성으로 나온 사람 p(☹ → +)를 선택할 수 있다. 이 두 가지 경우 당신은 결국 같은 사람들—양성이면서 암에 걸린 사람들—이라는 것을 알게 될 것이다.

이제 숫자로 표현해보자.

암에 걸릴 확률은 p(☹)=0.5%다. 오른쪽 변의 두 번째 항 역확률은 만약 당신이 암에 걸렸다고 추정한다면 검사 결과 양성이 나올 가능성을 나타낸다. 검사가 매우 정확하므로 당신은 p(☹ → +)≒100%로 추정될 것이다. 이것은 당신이 의사에게 이 나쁜 소식을 들었을 때 불안감을 일으켰던 숫자다. 검사가 거의 100% 정확하다는 것을 알기 때문에 대부분 사람들은 직감적으로 양성 검사가 거의 확실하게 암 진단이라는 사실을 느낄 것이다. 하지만 그들은 틀렸다!

이 공식의 가장 교묘한 요소는 일반 대중에게 양성 검사 결과가 나올 확률을 나타내는 p(+)다. 대중의 0.5%가 암에 걸린다. 검사 결과 아마도 그들은 다 확정할 것이다. 하지만 절대 다수의 건강한 사람 중 또 다른 1%는 불행하게도 잘못된 검사 결과로 양성이 나올 것이다. 즉 가짜 양성이 나올 것이다. 그래서 검사 결과 양성인 사람들의 전체 부분은 p(+)≒1.5%가 된다.

모두 대입하고 방정식의 양변을 p(+)로 나누면. 당신이 병에 걸릴 확률은 p(+ → ☹)≒0.5%×100%/1.5%=100%/3≒33%다.(% 3개 중 2개가 약분되었다는 것을 주목하라.) 베이즈 법칙에 따라 마지막 결론은 당신이 암에 걸릴 확률이 '1/3'이라는 것이다. 이것은 당신이 암에 걸릴 확률이 0.5%라는 국가 암 통계와 거의 100%로 잘못 나온 검사 결과 사이에 합당한 타협점이다. 이 얼마나 다행인가! 한 번 더 빨리 검사해보길 권한다! 두 번씩이나 가짜 양성이 나오지는 않을 테니 한 번 더 검사하면 불확실성을 낮출 것이다. 좋든 나쁘든.

총인원 1만 명에 대해 파이 모양의 차트를 기묘하게 자른 조각들은 당신이 (근사치) 백분율을 검사해서 얻은 실제 숫자를 그린 것이다. 그림에서 49와 99라고 이름 붙여진 부분은 합쳐서 양성 검사를 받은 모든 사람을 함께 나타낸 것이다. 당신은 이 두 곳 중 하나에 있기를 바라지만 어디에 있는지 모른다. 당신이 암에 걸릴 확률은 약 1/3이다. 베이즈 법칙이 예측했던 것처럼.

좀 더 일반적으로 말하면 +표시는 ‘I’로 바꿀 수 있는데 이것은 새로운 정보(information)를 의미한다. 그리고 찡그린 표시는 E로 바꿀 수 있는데이것은 사건(event)을 뜻한다. 이렇게 대체하고 다시 양변을 $p(I)$로 나누면 베이즈 법칙은 다음과 같이 나타낼 수 있다.

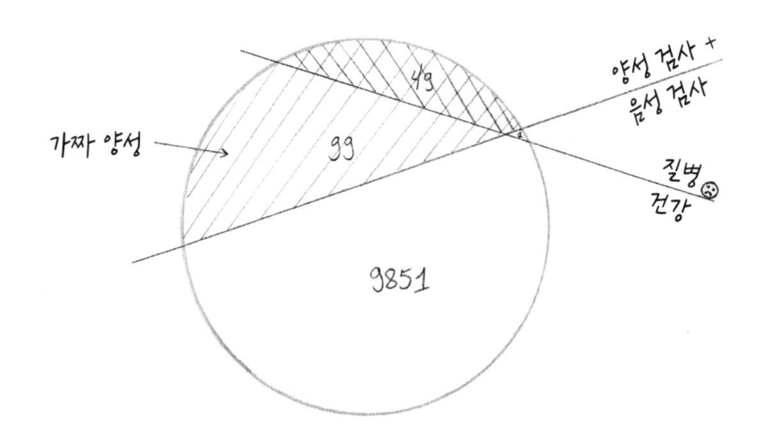

$$p(I \rightarrow E) = p(E) \times p(E \rightarrow I)/p(I)$$

말하자면 이들 중 2개는 햄버거의 고기와 치즈이고 다른 2개는 빵인 셈이다. 오른쪽 변의 첫 번째 항 $p(E)$는 새로운 정보 'I'를 얻기 '전'에 추정했던 사건 'E'가 일어날 확률이다. 그래서 $p(E)$는 '사전 확률'이라 하고 '사전'이라 한다. 베이즈 법칙을 반복적으로 적용하면 문제가 개선될 것이라는 예상과 함께 어떤 상황을 시작하기 위해 만든 근거 없는 추측이 되기도 한다. 왼쪽 변의 $p(I \rightarrow E)$는 새로운 정보 'I'의 습득으로 '갱신'된 같은 사건 E에 대해 측정한 새로운 (또는 사후) 확률이다. 다른 2개는 변화에 영향을 미칠 수 있는 기술적 장치를 나타낸다. 이런 단순한 규칙의 도움으로 사전(확률)을 갱신한다는 생각이 베이즈 확률 해석의 기본이다.[3]

암을 예로 들면 당신이 측정한 암에 걸릴 확률은 의사의 전화를 받기 전, 즉 사전 확률은 0.5%다. 의사가 전화한 뒤 거의 100%로 증가한 당신의 직감적 두려움은 잘못된 것이다. 베이즈 법칙은 당신의 측정치를 33%로 갱신한다.

베이즈 법칙은 아주 다른 자료로 얻은 정보를 조합할 수 있는 능력에서 그 위력이 나오는 것을 알 수 있다. 통합의 위업은 빈도확률론자의 방법으로는 얻기가 어렵다. 빈도확률론자의 방법은 동질적인 자료 세트들을 조합하는 데 더 적절한 방법이다. 예에서 보면 사전 확률은 일반 대중을 상대로 한 방대한 통계학적 연구인 반면, 암 검사의 정확성은 통제된 의학적 연구에서 추정 가능하게 측정된 것이다. 베이지언 계산에 수치 자료만 들어가는 것은 아니다. 역사와 직관력도 행위자가 사전 확률을 선택하고 나서 그것을 갱신하는 데 도움을 줄 수도 있다. 100번 연속으로 앞면이 나왔다고 주장한 도박장의 도박사 예에서 확률에 영향을 미치는 추가된 정보와 신선한 가설을 허용하는 실제 생활의 유용성을 강조한다. 그들은 신뢰도로 정의되는 것을 제공한다.

다재다능함, 보편성 그리고 논리적 연관성은 베이지어니즘을 빈도확률론보다 나은 주된 확률 해석으로 추천한다. 베이지언 확률론은 명백하게 고유한 지구의 대기에 관한, 다양하고 방대한 자료에서 증거를 모아 예측하는 기후학에서 베이지언 확률론이 선택되는 수학적 기술이다. 사회과학을 포함한 다른 학문들, 즉 생물학, 의학, 공학이 모두 그 이점을 이용한다. 빈도확률의 공식 "어떤 경우의 수를 모든 경우의 수로 나눈다"의 단순한 경우는 수치적으로 확률을 결정하지만 베이지언 정의는 그들이 실제 의미를 제공한다. 기묘한 모양인 종잇장의 면적 측정도 '결정'과 '정의' 사이의 근본적 차이를 설명해준다. 비록 그 면적을 종이의 무게(그램)를 밀도(제곱미터당 그램)로 나누어 편리하게 계산한다 하더라도 '면적'이라는 말의 의미는 여전히 기하학적이고 무게 또는 밀도와 관련이 없어 보인다.

베이지어니즘이 근본적으로 확률 개념에 의존하는 양자역학을 만나면 무슨 일이 생길까?

III
양자 베이지어니즘
QUANTUM BAYESIANISM

11장

큐비즘이 명백함을 만든다

강물이 강줄기를 따라 흐르며 무수히 많은 지류와 개울을 흡수하면서 넓어지는 것처럼 과학도 새로운 자료와 참신한 아이디어가 모이고 합쳐져 점진적으로 향상된다. 그에 반해서 양자 베이지어니즘이 탄생한 것은 거대한 흐름 두 개가 합쳐진 것과 유사하다. 21세기 초 75세의 노련하고 세련된 과학인 양자역학은 18세기에 탄생해 최근 주목받는 수학의 한 부류인 베이지언 확률과 만나 안정되고 강력한 지식 체계를 이루었다. 큐비즘(QBism) 창안자들은 Q도 B도 발견하지 않았지만, 둘을 합쳤고 양자역학 자체뿐만 아니라 일반적 과학관에 심오한 영향을 미쳤다.

큐비즘의 주요 논제는 다음과 같이 간단하다. 양자 확률은 신뢰도의 수치 측정이라는 것이다. 만약 당신이 베이지언 확률에 대해 들어본 적이 없다면 이런 제의가 괴상하다고 여길 것이다. 과학의 세계관은 '보편성'을 위하여 '개인성'을 제거하지 않는가? '신뢰'는

'지식', 즉 과학의 정반대이지 않은가? 대부분 물리학자가 이렇게 반응한다. 내가 2002년에 발행된 큐비즘 논문을 우연히 발견했을 때도 그렇게 느꼈다. 그 논문은 '베이지언 확률로써 양자 확률'이라는 놀랄 만한 결론을 대담하게 제목으로 앞세웠다.[1]

빈도확률 해석에서 베이지언 확률 해석으로 전환하는 결정은 일종의 비용/이익 분석의 대상이다. 한편 다음과 같은 질문을 하는 것은 당연하다. 당신이 전환하여 무엇을 얻을 수 있을까? 또 그것의 단점은 무엇일까, 즉 전환하는 데 비용이 얼마나 들까?

큐비즘을 채택하는 비용은 베이지어니즘의 혈통이 우수한 만큼 그리 많이 들지 않는다. 베팅 가능성의 개인적 추정 측면에서 확률 해석은 비록 사람들이 대부분 처음 보면 당황하지만 빈도확률보다 오래됐을 뿐만 아니라 전혀 다른 영역의 과학자들과 공학자들도 점점 많이 사용하고 있다. 그것은 몇 세기 동안 살아남았고 수많은 중요한 응용으로 검열을 통과했다. 친근성이 부족하다고 결코 괴상한 것은 아니다.

금전출납부의 이득 측면에서 큐비즘은 상당한 이익을 제공한다. 가장 확실한 것은 파동함수의 붕괴라는 골치 아픈 문제를 해결한 점이다. 보통의 양자역학에서는 붕괴의 직접적 원인을 완전하게 설명하지 않은 채 남겨두었다. 고전물리학에서 다른 모든 과정이 있지만 시공간에서 어떻게 붕괴가 일어나는지 설명하는 수학적 기술이 없다. 역학적·전기적·자기적·광학적·음향학적 그리고 열적 교란이 한곳에서 다른 곳으로 어떻게 전달되고 가까이 그리고 먼 곳에 있는 물체에 어떻게 영향을 미치는지는 꼼꼼한 수학으로써 이해한다. 우주에서 우리를 묶어주는 끈인 중력의 효과조차 자신감을 가지고 뒤따를 수 있고 단계적으로 지구에서 별들까지 갔다가 올 수도 있다. 하지만 파동함수의 붕괴는 수리물리학의 지식 체계를 거스르는 가시처럼 신비롭게 남아 있다.

큐비즘은 문제를 쉽고 우아하게 풀어준다. 어떤 실험에서든간에 계산된 파동함수는 나중에 하게 될 경험에 따른 관측에 대한 사전 확률을 제공한다. 한 번 관측이 이루어지면 즉 입자가 관측되면 탐지기는 감지하고, 스핀의 방향, 위치나 속도 등은 알려지게 된다. 새로운 정보는 실험하는 행위자에게 유효하게 된다. 이 새로운 정보로 행위자가 확률과 파동함수를 순간적으로 그리고 마법 없이 갱신한다. 붕괴는 불가사의를 불러온다. 베이지언 갱신은 이것을 기술하고 결국 잃어버린 단계를 명확하게 해준다.

그 과정이 진행되는 방식은 간단하다. 예를 들어 생각해보자. 뉴욕에서 앨리스가 카드를 2장 뽑는다. 1장은 검은색이고 다른 1장은 빨간색이다. 그리고 아무런 표시가 없는 봉투에 각각의 카드를 넣는다. 봉투를 밀봉하고 섞는다. 그들을 구별할 수 없다는 것을 확실히 하기 위해 그녀는 친구 밥에게 잘 섞어달라고 한다. 그녀는 하나는 자기 지갑에 넣고 다른 하나는 밥에게 준다. 그러고 나서 방을 나서서 오스트레일리아로 여행을 떠난다. 그녀가 봉투를 열기 전에 밥이 빨간색 카드를 가지고 있을 신뢰도는 50%다. 하지만 그녀는 자기 카드를 보자마자 1만 9,300㎞ 떨어진 곳에 있는 밥의 봉투에 무슨 색 카드가 들어 있는지를 알게 된다. 그래서 그녀는 자기 신뢰도를 100%나 0%로 즉시 갱신한다. 그동안 앨리스의 카드 색깔에 대한 밥의 추측은 그것이 무엇이든 간에 그녀 행위에 아무런 영향을 미치지 않게 된다. 여기에는 아무런 기적이 없다.

양자 파동함수의 붕괴도 같은 논리를 따른다. 하나의 결정적 차이가 있지만 고전적인 경우, 거기에는 처음부터 끝까지 깨지지 않는 원인과 결과라는 사슬이 있다. 봉투 안에 감춰진 카드 형태로 된 대상 물체는 앨리스의 지갑 안에서 메시지를 전해준다. 그 카드는 비밀 메신저 역할을 한다. 물리학자들이 빨간색 또는 검은색의 값을 가진 '숨겨진 변수'라고 하는 비트다. 고전물리학에서 앨리스의 무지는 그 값을 모르게 한다. 하지만 이론상 그녀는 언제든지 봉투를 열어 카드를 꺼내볼 수 있다.

한편 양자역학에서는 봉투 안에 카드도 없고, 비밀 메시지를 전해주는 객관적 방법도 없고, 숨겨진 변수도 없다. 이론상 전자가 어디 있는지, 얼마나 빠른지, 발사되는 시간과 탐지되는 총에서 발사되고 관측될 때까지의 시간 사이에서 스핀이 어느 방향을 가리키는지 알 방법이 없다. 사실상 거기에 숨겨진 변수가 없다는 주장은 실험적으로 시험할 수 있고 실험되었다. 그리고 우리는 그것에 대해 이야기할 것이다.

큐비즘을 이해하기 시작했을 때, 내가 결국 파동함수 붕괴의 의미에 대한 퍼즐을 확률을 더 나은 정의로 전환함으로써 간단하게 풀 수 있다는 것을 깨달았다. 나는 흥분에 가까운 해방감을 느꼈다. "물론 그렇게 작동하는 거지!" 하고 나에게 말했다. 그것은 예기치 못하고 과분한 깨달음이 주는 아주 기분 좋은 느낌이었다. 나만의 '유레카'였다.

파동함수의 붕괴를 확률의 단순한 갱신으로 설명할 뿐만 아니라 큐비즘은 동등하게 중요한 또 다른 설명을 해준다. 1961년 내 커리어가 시작되었을 때 양자역학의 선구자 유진 위그너(Eugene Wigner, 1902~1995)는 '위그너 친구의 역설'이라는 근본적 모호성을 지적했다. 역설은 다음과 같은 말과도 같다. "어쨌든 파동함수는 누구 것인가?" 위그너는 친구와 함께 양자역학적 실험을 진행했다. 그들은 그들이 관측하는 시스템, 말하자면 전자의 스핀을 '위와 아래'로 이름 붙여진 두 가지 가능한 방향의 중첩에서 '큐비트' 파동함수에 따라 기술된다고 동의했다. 실험이 진행됐고 계수기가 결과를 측정했다. 위그너가 실험 장치를 등지고 돌아서서 친구 뒤에서 실험이 끝날 때까지 기다리는 동안 친구가 계수기를 읽었다. 그 친구는 파동함수가 '위'라는 결과로 붕괴되었다는 것을 알았다. 한편 위그너는 측정이 이루어진 건 알지만 결과는 모른다. 그가 맡은 파동함수는 앞서와 같이 두 가지 가능한 결과의 중첩이지만 그는 이제 계수기의 확실한 판독과 위그너 친구가 나누어줄 수 없는 그 친구의 판독 지식에 전자의 '큐비트'의 각 극과 연계되어 있다.

그래서 누가 옳은가? '큐비트'가 붕괴되었는가 또는 여전히 중첩되어 있는가? 파동함수가 실제하고 그 과정을 기술한다고 간주하는 한, 그 문제는 숲속의 나무에 대한 비숍 버클리(Bishop Berkeley, 1685~1753)[2]의 악명 높은 문제를 쉽게 풀 수 없는 것과 같이 풀기 어렵다. 숲속에서 나무가 쓰러질 때 아무도 그 소리를 듣지 못했다. 그렇다면 나무는 소리를 만들어냈을까? 그 답은 300년 동안 논쟁이 되어왔고 지금도 논란이 되고 있다. 고대의 권위에 의지하지 않고 본인이 스스로 생각했던 아인슈타인은 같은 문제를 다르게 표현했다. 그의 동료인 언스트 파스쿠알 요르단(Ernst Pascual Jordan, 1902~1980)[3]은 다음과 같이 회상했다. "우리는 객관적인 실체에 대한 그의 생각을 자주 논의했습니다. 아인슈타인이 산책을 하다가 갑자기 멈춰서 내 쪽으로 돌아서며 달이 내가 쳐다볼 때만 존재한다는 것을 실제로 믿는지 물었습니다."[4] 위그너 친구 문제, 즉 누구의 파동함수와 누구의 확률 배정이 옳은지는 '확률'이라는 말의 의미에 달려 있고 버클리의 문제만큼이나 논란이 많다.

큐비스트에게는 아무런 문제가 없다. 위그너와 그의 친구 모두 옳다. 각각은 그들에게 유용한 정보를 반영하여 파동함수를 지정하고, 각자의 정보 편집이 다르므로 그들의 파동함수도 다르다. 위그너는 계수기를 직접 봤거나 친구에게서 결과를 듣자마자 새로운 정보로 파동함수를 갱신할 것이다. 둘은 붕괴된 파동함수에 한 번 더 동의하게 될 것이다.

위그너 친구의 문제는 다음과 같은 질문이 제기되면 떠오른다. 누가 옳은가? 다른 말로 전자의 파동함수는 무엇인가? 큐비즘에 따르면 고유의 파동함수는 없다는 것이다. 파동함수들은 전자들에 속박되어 있지 않고 성자의 머리 위에 광륜처럼 맴돈다. 그들은 행위자에 따라 지정되었고 행위자에게 유효한 모든 정보에 의존한다. 그들은 융통성이 있고 주관적이다. 간단히 말해 파동함수와 양자 확률은 베이지언이다.

이 간결한 이야기—큐비스트의 성명서—는 티셔츠에 새길 정도로 짧지만 세계를 생각하는 새로운 방식을 제공해줄 것이다.

12장

큐비즘이 슈뢰딩거의 고양이를 구하다

슈뢰딩거의 고양이는 아마도 세계에서 가장 유명한 고양이일 것이다. 하지만 모든 물리학자가 그 이야기를 좋아하지는 않는다. 나는 스티븐 호킹(Stephen Hawking, 1942~2018)이 한 강의에서 목소리 합성기의 기계적인 음률로 이렇게 말하는 것을 들었다. “누군가가 슈뢰딩거의 고양이 이야기를 하는 것을 들었을 때 나는 총을 찾고 싶어졌습니다!”[1] 큐비스트의 선구자 크리스토퍼 푹스 또한 그 동물을 싫어했고, 나에게 위그너의 친구 문제를 푸는 편이 더 낫다고 말했다. 그 고양이는 자기 명성의 희생자다. 대중문화는 그 이야기에 대부분 물리학자들이 피하고 싶어 하는 오해나 조롱, 노골적 난센스를 넣었다. 하지만 80년이 지난 뒤에도 슈뢰딩거의 고양이는 포인트를 설명하는 데 여전히 효과적이기 때문에, 나는 그것을 한 번 더 되풀이하려 한다.

여기서 설정은 다음과 같다. 살아 있는 고양이 한 마리를 루브 골드버그(미국 만화가)가 만든 연쇄반응 장치가 든 상자에 넣는데, 이

장치는 가이거 계수기, 중성자를 쏘여 방금 만든 신선한 방사성 원자, 망치 그리고 독가스가 든 유리병으로 구성되어 있다. 원자가 붕괴하면, 결국 그렇게 되겠지만, 가이거 계수기가 감지하고 전기 신호를 내보낸다. 망치의 방아쇠가 당겨져 유리병이 깨지고 가스가 퍼진다. 그러면 고양이가 죽게 될 것이다. 즉시 그리고 고통 없이.

첫 번째 질문이다. 양자물리학자는 이 실험을 어떻게 기술할까? 방사성 원자는 큐비트로 나타내는 파동함수를 가지고 있다. 큐비트의 북극은 '붕괴하지 않음'을 가리키는 0으로, 남극은 '붕괴함'을 가리키는 1로 나타낸다. 파동함수에서 추론한 확률은 0으로부터 잘 알려진 감소율에 따라 1로 부드럽게 떨어진다. 원자의 반감기라고 정의된 시간이 지나면 큐비트는 적도, 즉 붕괴되지 않을 확률 50%와 붕괴될 확률 50%가 섞여 있는 곳에 도달한다. 만약 당신이 그 순간에 원자를 관측했다면 붕괴되었을 가능성은 50 대 50이다.

슈뢰딩거가 그의 고양이를 발명했을 때 우세했던 양자역학의 일반적 해석에 따르면, '*큐비트*'의 값이(양극에서는 제외) '0과 1'의 섞임이라는 것이 중요하다. '0 또는 1'이 아니다. 토머스 영의 고전적 이중 슬릿 실험이 이 둘의 차이를 확실히 보여준다. 간섭이 일어나려면 광파는 두 개 중 어느 한 개의 슬릿이 아닌 두 개의 슬릿을 모두 지나가야 한다. 같은 이유로 *큐비트* 볼 위의 한 점은 둘 중 하나가 아니고, 일어날 수 있는 두 가지 가능성의 중첩을 나타낸다. 양자 간섭 효과는 비눗방울의 색깔처럼 실제로 관측 가능하고, 그들을 기술하는 우리가 아는 유일한 방법은 '…와 …, 둘 다'라는 중첩을 이용하는 것이다.

지금까지 얘기한 이 모든 것은 일반적 양자역학이고 논쟁의 여지가 없다. 수없는 실험을 통해, 이것이 방사성 원자를 기술하는 옳은 방법이라는 것을 입증했다. 원자에서부터 고양이 자체까지 추론할 때 문제가 시작된다. 당신이 그 상자를 열어보지 않은 상태에서 반감기에 해당하는 시간이 지났다면, 고양이의 상태는 무엇인가? 고양이와 원자의 운명은 밀접하게 연결되어 있는데, 이것을 '얽힘'이라고 하며, 이 얽힘은 슈뢰딩거 본인이 영어로 소개한 말이다. 붕괴하지 않은 원자는 살아 있는 고양이를, 붕괴한 원자는 죽은 고양이를 의미한다. 원자의 파동함수는 의심할 여지없이 중첩을 따르기 때문에 고양이도 그러하다. 즉 고양이는 살아 있기도 하고 죽어 있기도 하다. 상자를 여는 순간 이 역설은 사라지게 되고, 우리의 상식이 요구하는 대로 고양이는 살아 있거나 아니면 죽어 있다. 하지만 상자가 닫혀 있는 동안에는, 고양이는 살아 있기도 하고 동시에 죽어 있기도 하다는 기묘한 주장을 어떻게 해야 하는가?

슈뢰딩거는 양자의 기이함을 각각의 원자와 그들의 파동함수가 있는 잘 알려져 있지 않은 세계에서 인간의 경험으로 꺼내오기 위해 이 이야기를 지어냈다. 그는 두 영역 사이의 차이를 드라마틱하게 보이려고 했다. 지난 90년간 양자역학의 많은 대안적 해석이 발명되었는데, 이의 커다란 원동력이 이 고양이 이야기의 수학적 고심에서 비롯됐다.

큐비즘은 파동함수 붕괴와 위그너 친구의 역설만큼이나 쉽게 이 이야기를 다룬다. 지도는 영토가 아니다! 원자의 파동함수는 원자의 기술이 아니다. 원자를 기술하는 *큐비트*는 미래에 일어날 수 있는 일들의 확률에 대한 어느 관측자의 신뢰, 그 이상도 그 이하도 아니다. 관측하기 전 원자 상태는 수학적으로 정의되지만 실제로 원자를 관측한 후에는 우리가 사용하는 용어로 정의된 것은 아니다. 큐비즘에 따르면 관측되지 않은 원자, 양자 동전, 그 고양이 상태는 전혀 비트값을 갖지 않는다. *큐비트* 볼의 적도상 한 점은 실제 세계의 어떤 것에 해당하는 심벌이 아니다 그것은 다만 미래 관측에 대한 확률을 제공해주는 추상적 수학 공식을 나타낼 뿐이다. 0 또는 1, 붕괴되지 않음 또는 붕괴됨, 삶과 죽음.

고양이가 죽어 있고 또 살아 있다는 주장은 동전이 아직 땅에 떨어지지 않았는데 결과가 앞면이면서 뒷면이라고 이야기하거나 경주가 끝나지도 않았는데 이겼고 또한 졌다고 이야기하는 것처럼 아무런 의미가 없다. 확률론은 동전을 던졌을 때 앞면이 나올 확률을 1/2로 지정해줌으로써 떨어지기 전 동전 상태를 요약해준다. 경마장에서 전광판 목록은 말의 이길 수 있는 확률을 보여준다. 같은 방식으로 큐비즘은 상자가 열리기 전에 고양이 상태를 기술하는 것을 거부하고 고양이가 삶과 죽음의 중간 상태를 떠도는 식으로 기술되는 것을 피할 수 있게 해준다.

이 결론을 기술하는 한 인상적인 방법을 큐비즘이 나타나기 오래전인 1978년 이론물리학자 애셔 페레스(Asher Peres, 1934~2005)가 만들었다. 그는 이 고양이와 같은 문제들이 '~이면 어떻게 될까'라는 질문을 포함한다는 데 주목했다.

"상자가 여전히 닫혀 있는데 고양이를 볼 수 있다면 어떻게 될까?" 페레스는 양자역학이 '~이면 어떻게 될까?'라는 질문을 허용하지 않는다고 결론을 내고, "하지 않은 실험은 어떤 결과도 갖지 않는다"라는 기억하기 쉬운 슬로건을 만들었다. 고전물리학은 물론 상자를 열기 전 상황을 생각하는 것을 허용한다. 이 고전적인 사고 실험의 결과는 고양이가 죽어 있거나 살아 있다는 것이다. 그러나 양자역학에는 가능한 상태가 두 개밖에 없는, 0인 상태 혹은 1인 상태를 가진, 시스템을 기술하는 잘 정의된 방법이 있다. 이런 기술에서 수학적 도구는 고전적 비트로써 정보 기술의 평범한 토글스위치다. 하지만 이 비트는 방사성 원자의 가능한 파동함수로 유효하지 않다. 양자역학에서는 비트를 대체하는 *큐비트*는 측정이 시행될 때까지는 비트값을 갖지 않는다. 원자를 *큐비트*가 아닌 비트로 기술하는 것은 실험과 노골적인 충돌을 불러온다.

페레스의 공식은 큐비스트(QBist) 정신에 잘 부합한다. 큐비즘의 주장처럼 만약 파동함수가 미래의 실험 결과에 대한 확률을 제외하고는 원자 또는 어떤 다른 양자역학적 대상에 대해 아무것도 알려주지 못한다면, 행위자는 원자와 고양이의 상태를 아예 조급하게 추측하려 하지 않을 것이다. 상자를 열기 전에 하지 않은 실험을 보는 것은 아무런 결과도 없고 심지어 추측할 것도 없다.

최종 결과: 큐비스트의 해석에 따르면 원자와 고양이의 얽힌 파동함수는 고양이가 살아 있음과 죽어 있음을 의미하지 않는다. 그 대신 그 상자를 열었을 때 그 관측자가 발견하게 될 일들에 대한 합리적 기대를 알려줄 것이다.

13장

큐비즘의 기원

큐비즘이 비록 21세기의 혁신이지만 그 기원은 고대 그리스 원자론자들로 거슬러 올라간다. 기원전 400년경에 살았던 데모크리토스는 "달콤한 것도, 쓴 것도, 뜨거운 것도, 차가운 것도, 색깔도 관습에 따른 것입니다. 진실로 거기에는 원자와 빈 공간만 존재합니다"라고 말했다. 사람들은 개인적으로 무엇을 달콤하다와 쓰다, 뜨겁다와 차갑다고 할지 동의하지 않을 수도 있지만 물질의 입자가 있는지 없는지에 대해서는 그들의 감각과 도구가 충분히 예리하다면 동의해야 한다.

데모크리토스는 그가 한 말을 근거로 원자론의 아버지로 묘사된다. "진실로 거기에는 원자와 빈 공간만 존재한다"라는 말은 권위 있어 보인다. 그렇지 않은가? 이 말은 확신 있고, 설득력이 있고, 분명하다. 이것은 원자론자의 선언문이라 불리면서 2,500년 동안 물리학을 지배해왔고 학교에서 가르치는 관습적인 지혜가 되었다. 리처드 파인만은 그의 고전 『물리학 강의』 2쪽에 원자론자의 선언문을 다음과 같이 썼다.

> 어떤 대재앙으로 모든 과학적 지식이 파괴되고 단지 한 문장만 다음 세대로 전해질 수 있다면, 가장 짧은 말로 최대한의 정보를 포함하는 문장은 무엇일까? 나는 그것이 '모든 물질이 원자로 되어 있다'는 '원자 가설'(원자의 사실 또는 당신이 뭐라고 부르든간에)이라고 믿는다. 원자란 '끊임없는 회전운동을 하고 적당히 멀리 있을 때는 서로 끌어당기지만 아주 가까이 가면 서로 밀쳐내는 작은 입자'다.

나는 몇 년 동안 데모크리토스와 파인만의 원자론자 선언문을 교실에서 가르쳤다. 데모크리토스가 쓴 경구가 불완전하다는 것을 발견했을 때 나의 놀라움을 상상해보라. 다음의 짧은 대화를 잘 읽어보라.[1]

> **지성**: 달콤한 것도, 쓴 것도, 뜨거운 것도, 차가운 것도, 색깔도 관습에 따른 것입니다. 진실로 거기에는 원자와 빈 공간만 존재합니다.
>
> **감각**: 불쌍한 마음이여, 우리를 통해 얻는 증거들을 가지고 우리를 버리려 하나요? 당신의 승리는 당신 자신의 몰락입니다.

이는 명백한 원자론자의 선언문이 아니라 자연을 인식하는 근본적으로 다른 두 가지 방법 사이의 갈등을 우스꽝스러운 캐리커처처럼 표현한 대화다. '지성'에 따르면 과학은 '실재'라는 말로 세상을 기술하려 노력한다. 즉 과학적인 생각은 사물의 진짜 본질을 발견하고자 열망한다. 이런 관점에서 과학자들의 관심은 나무, 원자, 전자 같은 대상에 완전히 집중되어 있다. 거기에는 대상과 그의 행동을 기술하려는 관찰자를 위한 공간은 없다. 과학은 객관성을 목표로 하고 주관성은 금기시한다.

그러나 '감각'은 자연의 기술에서 자신이 분리되는 것을 반대한다. 우리가 우주에 대해 아는 모든 것은 직접적으로든 도구의 도움을 받아서든 우리가 감각 경험으로부터 배웠다는 명백한 사실을 '지성'에 상기해준다. 저기에 있는 나무가 보이는가? 당신은 그것이 '실제 존재'한다는 것을 어떻게 아는가? 당신은 눈으로 또는 광학 장치를 이용해 색깔과 모양을 알게 될 것이다. 당신은 코로 꽃향기를 맡을 수 있다. 당신은 나무 주위를 돌아보고 만져보며 나무의 굳기를 느낄 수 있다. 당신은 스스로 관찰하면서 알게 된 것과 다른 사람들에게서 들은 내용을 기억할 수 있지만, 당신의 개인적 감각은 나무와 당신 마음 사이에 정확한 지도를 만들려 항상 노력하는 메신저로서 역할을 한다. 만약 그것이 나무와 바위의 경우에 사실이었다면, 또한 전자와 쿼크 그리고 물질, 공간, 시간의 경우에도 적용된다. 이 간단한 사실을 알아차림으로써 만약 지성이 감각의 결정적 역할을 단순한 관습으로 치부해버린다면, 지성이 '사실'이라고 부르는 것을 찾는 유일한 단서를 버리는 것이라고 감각은 결론짓는다.

데모크리토스 이후 몇 세기 동안 철학자들과 신학자들은 이에 대해 깊이 생각하고 실재와 그의 인식, 즉 그것이 무엇이고 그것이 어떻게 보이는지에 대해 두툼한 논문들을 썼다. 그러나 물리학자들은 그런 논쟁을 무시했다. 그들은 데모크리토스의 감각을 짓누르면서 주관적 영향을 무시했고, 관찰자 없이 세상을 순수하고 객관적으로 기술할 것을 주장했다. 물리학자들은 궤도를 도는 행성, 떨어지는 사과, 물질을 이루는 비활성 입자들 같은 단순하고 활기 없는 시스템에만 그들의 관심을 국한시킴으로써 이런 전략을 잘 사용해왔다. 간단한 질문을 던짐으로써 그들은 단순하고 객관적으로 보이는 답을 찾아내는 데 성공했다.

엄격한 객관성은 몇 세기 동안 훌륭하게 잘 작동해왔지만 데모크리토스의 마법은, '감각'이 '지성'에 "당신의 승리는 당신 자신의 몰락입니다"라고 그가 암시한 것처럼, 끝날 운명이었다. 1905년 아인슈타인의 특수상대성이론은 '절대 공간'과 '절대 시간'이라는 뉴턴의 근엄하고 직관적이고 매력적인 발판을 부숨으로써 절대적 객관성을 보기 좋게 깨버렸다. 운동을 정의하는 탄탄한 배경 없이 "그 차는 1시간에 80㎞를 움직인다"와 같은 말은 그 의미를 잃어버린다.

정지해 있는 경찰에 대해서는 이 말이 맞을 수도 있지만 누군가가 배를 타고 그 차를 쫓는다면 그는 다른 속도를 측정하게 될 것이다. 역학적으로 이해하려면 관찰자 또는 최소한 관찰자의 좌표계는 항상 명시되어야 한다. 아인슈타인의 중대한 이론은 현학적인 투덜댐이 아니라 드라마틱하고 관찰 가능한 결과를 갖는 중요한 통찰력이었음을 보여주었다. 뉴턴의 지성에 의해 태어난 고귀한 절대 공간과 시간은 아인슈타인의 좀 더 일상적인 상대 공간과 시간으로 대체되었다. 그것은 훨씬 더 좋은 이론적 예측과 실험적 측정 사이의 일치를 만들어냈다. 비록 상대성이론이 관찰자를 명시적으로 재도입하지 않았지만, 자유롭게 선택 가능한 좌표계의 도입은 물리학에서 아주 중요한 역할을 하고 있다.

있는 그대로의 객관성에 대한 또 다른 공격은 파동/입자 이중성에 의해 이루어졌다. 전자는 실제로 입자 또는 파동이 아니라 질문에 따라 혹은 실험가가 자유롭게 선택한 실험 장치에 따라 입자 혹은 파동의 성질을 보여주는 복합적인 것이다. 1925~1926년에 완전히 발전한 양자이론이 등장하면서, 데모크리토스의 영악한 예언의 실현이 조금 더 가까워졌다. 물리학자들은 파동함수를 소개함으로써 전자, 광자, 원자 그리고 원자핵을 '그들의 실제 모습처럼' 기술하기를 포기했다. 입자는 실제로 속도와 위치 둘 다 가지고 있는 것이 아니라 당신이 보려고 선택한 방법에 따라 이것 혹은 저것을 가진다. 속도를 알려면 속도만, 위치를 알려면 위치만 보는 것이다.

물리학자들의 시선이 실제 세계—의심할 여지없이 거기에 존재하는—에서 그 표현으로 옮겨감에 따라 관심은 영토에서 지도로 옮겨갔다. 사물을 그 수학적 기술에서 분리하는 것은 양자역학의 중요한, 고전적인 모체와는 다른 속성이었다.

양자이론의 선구자들은 그들이 하는 일의 혁신적인 의미를 이해했다. 그 자신이 양자역학을 창안하지는 않았지만 그 해석에 중대한 공헌을 한 닐스 보어는 슈뢰딩거의 파동함수가 소개되고 3년 뒤인 1929년 다음과 같이 썼다. "자연을 기술하는 우리 목적은 어떤 현상의 실제 본질을 밝히는 것이 아니라, 우리 경험들 사이의 관계를 가능한 한 멀리 추적하는 것이다."[2] '실제 본질'은 데모크리토스의 '진리'에 해당하고 '우리 경험'은 '감각'을 나타낸다. 실제 본질은 객관적·절대적·보편적이고 경험은 주관적·상대적이며 각 행위자에 따라 달라진다.

조화 진동자를 행렬역학으로 다루는 양자역학을 창안한 베르너 하이젠베르크는 "객관적 실재의 개념은 … 더는 입자의 행동이 아니라 오히려 이 행동에 대한 우리 지식을 표현하는 명료한 수학으로 … 사라져버렸다"라고 주장했다.[3] 그는 물리학이 뉴턴역학에서 그러했듯이 나무 또는 그 전자에 대한 것이 아니라, 그 나무와 그 전자에 대한 관찰과 실험의 결과로 우리 마음속에 어떤 일이 일어나느냐에 대한 것이라고 믿고 있다. '더는'이란 말은 그가 고전물리학으로 인식한 것을 깨버림을 명확하게 알리는 것이다.

에르빈 슈뢰딩거는 이 방법에 대해 1931년 이렇게 말했다. "다음과 같은 긴급 법령으로만 자신을 도울 수 있다. 양자역학은 실제 존재하는 것에 대한 진술을 금지하고, 그 객체에 대한 진술을 금지한다. 그 진술은 오직 객체-주체 관계에 대해서만 다룬다."[4] 다른 말로 하면, 양자역학은 자연(객체)을 고려하는 관찰자(주체)의 경험을 기술한다.

세대가 거듭되면서 물리학자들은 철학적 경고에 그다지 주의를 기울이지 않았다. 그들은 그다지 '본질', '질문 방법', '긴급 법령' 그리고 '객체-주체 관계'에 대해 관심을 두지 않았다. 그들은 새로운 양자이론이 기술의 빠른 발전과 함께 놀랍도록 도구가 된다는 사실을 금세 깨달았다. 원자와 원자핵 수준의 물질 이해는 급속한 진전을 이루었다. 트랜지스터와 레이저 같은 양자역학과 관련된 새로운 장치가 원자 속으로 더 깊이 들어가는 데 사용되고, 심지어 컴퓨터부터 휴대전화까지 소비재로 바꾸어놓았다. 양자역학은 '작동'되었다. 20세기 후반 동안의 격렬한 발견과 발명은 파동/입자 이중성, 중첩, 불확정성 그리고 파동함수 붕괴에 대한 철학적 꺼림칙함을 무시하게 만들었다.

하지만 기이함은 계속되었다. 국제 분쟁이 가끔 그렇듯이 문제의 요점은 경계에 대한 분쟁이다. 한쪽은 우리 감각으로 인식할 수 있고 결정론적으로, 뉴턴역학의 용어로 기술할 수 있는 일상 세계이다. 이것은 위대한 자연의 법칙으로, 최소한 원리적으론 확실성을 가지고 특징지어진다. 다른 한쪽은 우리가 발견한 양자 세계로 불확정성과 확률의 세계다. 질문은 '한쪽의 영토는 어디에서 끝나고, 또 다른 쪽은 어디서 시작하는가?'다.

처음에 답은 명백해 보였다. 양자역학이 전자, 광자, 원자 그리고 원자핵에 대해 발전하였기 때문에, 양자현상이 상상하지 못할 정도로 많은 수의 어마어마하게 작은 물체로 가득 찬 미시세계에 국한된다는 인상이 있었다. 이런 착각이 현대물리학을 네 가지 이웃 영역으로 나누었다. 아주 큰 것은 일반상대성이론으로, 아주 빠른 것은 특수상대성이론으로, 아주 작은 것은 양자역학으로 다룬다. 그리고 이 세 가지 현대적 영역이 뉴턴이 지배하는 인간 크기의 고전 영역을 둘러싸고 있다.

하지만 그 정돈된 계획은 두 가지 이유 때문에 실패했다. 하나는 현실적인 것이고 또 하나는 철학적인 것이다. 양자 효과는 더 큰 시스템에서 발견된다. 예를 들어 광자와 전자를 가지고 시작한 이중 슬릿 간섭 실험은 원자와 심지어 60개나 70개의 탄소 원자로 구성된 거대한 분자인 풀러렌을 가지고도 수행되었다. 다음은 바이러스가 될까? 그다음은 고양이? 4장에서 말한 것처럼, 최근 매우 작은 소리 굽쇠에서도 양자 행동이 나타났다. 천문학적인 면에서 행성 크기의 중성자별은 하나의 거대한 원자핵처럼 행동한다는 것이 발견되었다. 심지어 전 우주도 초기에는 양자역학적으로 행동했다고 생각한다. 명백하게 양자역학의 개념이 미시세계에만 적용된다는 것은 틀린 것이다.

양자역학을 원자와 분자에 국한하는 것에 대한 철학적 반대는 더욱 설득력이 있다. 이 불만은 모레 알갱이들의 사막과 파도치는 바다를 주름잡는 호랑이와 상어에도 적용된다. 거기에는 고전역학과 양자역학 두 이론이 있을 수 없다. 기초가 다르고 기적적이고 부서지기 쉬운 '파동함수의 붕괴'라고 하는 다리로만 연결된 두 이론 말이다. 거기에는 오직 하나의 이론만 있어야 하고, 그것으로부터 단순하고 강력한 논쟁을 통해 다른 것들을 얻을 수 있어야 한다. 우리는 고전역학적 세계에 살고 있으며 양자역학은 단순 근사치이거나 혹은 그 반대다.

양자 세계와 우리 세계 사이의 선은 모호하고 논쟁할 여지가 있다. 하이젠베르크는 '하이젠베르크의 컷(cut)'이라고 하는 그 경계를, 파동함수로 기초되는 원자와 같은 양자 체계와 고전역학의 법칙을 따르는 관찰 장치 사이의 경계라고 생각했다. 그는 컷을 이동시켜가면서 그 컷의 의미를 알려고 노력했다. 고양이나 동료를 고전역학적으로도 다루거나 커다란 양자역학적 대상으로 다룸으로써 말이다. 이런 종류의 모호함은 물리학자 존 벨(John Stewart Bell, 1928~1990)에게 깊은 인상을 주지 못했다. 존 벨은 자신만만하고 훌륭한 물리학자였으며, 양자역학의 의미에 대한 논쟁을 이론물리학자들을 연구실에서 실험을 통해 해결을 볼 수 있는 실험실로 끌어들임으로써 명성을 얻기도 했다. 그는 '하이젠베르크의 컷'을 진지한 분석을 위한 유용한 개념이 되기에는 너무나 모호해 '구린 데가 있는 분리(shifty split)'라고 부르며 조롱했다.

시간이 지나고 '하이젠베르크의 컷'이라는 말은 거시 대 미시, 고전 대 양자, 지각 대 감각, 객관적 대 주관적, 확실 대 불확실, 실제 대 겉모습, 물리학적 세계 대 관찰자, 영토 대 지도와 같이 양분하는 분기선으로 다양하게 응용되고 있다. 언제나 예외 없이 이 '분리'는 희미하고 불분명하고 구린 데가 있었다. 결국 나와 같은 세대이며 큐비즘으로 돌아선 동료인 코넬대학교 물리학자 데이비드 머민은 이 논의의 종결을 제안했다. 그는 '토론 종결(call the question)'이라는 의회 용어를 사용하면서, 이미 충분히 많은 논쟁해서 더 이상의 논쟁은 무의미하다고 제안했다. 2012년 그는 '구린 데가 있는 분리를 고치며(fixing the shifty split)'라는 부제의 논문[5]을 써서 그의 의사를 발표했다. (머민은 글 솜씨가 좋다. 'fixing'이라는 말은 수리나 안정 둘 다 의미한다.) 큐비즘이 그 분리의 위치와 정의에 대해 깨끗하고도 설득력 있는 제안을 제공한다고 머민은 주장했다. 이것은 정말 객관적인(생각과 감정에 영향이 없고, 인식과 별개로 존재하는 외적인) 것과 주관적인(인식하고, 마음속에 존재하는 내적인) 것의 경계다. 하지만 이전 학자들이 주관적이라는 라벨을 붙여놓은 것과 대조적으로 인간의 마음속에 존재하기 때문에 큐비스트에게 주관적이라는 것 또한 엄격하게 개인적인, 어떠한 특정한 사람의 마음에 존재하는 것이다. 머민에 따르면 그 분리는 각 행위자 개인에 따라 달라지는 것이다.

각각의 우리는 (객관적인) 세계와 (주관적인) 경험의 의식 사이의 차이를 안다. 만약 내가 행위자라면, 객관적인 세계는 다른 행위자들과 심지어 내 몸까지 포함하는 내 마음 밖에 있는 모든 것이다. 만약 내가 하고자 한다면, 그것들을 양자역학적으로 다루고 파동함수로 기술할 수 있다. 분리의 다른 쪽은 나에게만 국한된 것들과 나나 그 어떤 사람도 객체로 취급할 수 없는 것이다. 그들은 나만의 경험이고 인식이다. 그들은 나의 신뢰나 미래 경험에 대한 나의 배팅에 입력 정보를 제공해준다. 그들은 주관적이고 유일무이한 개인적인 것이다.

만약 비전문가와 큐비스트가 슈뢰딩거의 고양이가 들어 있는 밀폐된 상자를 만나게 되면, 비전문가는 확실하게 말할 것이다. "그간의 경험에 비춰 나는 고양이가 죽었거나 살아 있다는 것을 압니다." 그는 그 순간 고양이에 대해 이야기할 것이다. 큐비스트는 좀 더 주의 깊게 생각하고 말할 것이다. "지금 순간의 고양이에 대해 아무것도 알지 못합니다. 하지만 양자역학의 지식에 따르면, 만약 내가 지금 바로 상자를 연다면 살아 있는 고양이를 발견할 가능성은 50 대 50이라는 것을 믿습니다." 따라서 비전문가도 큐비스트도 고양이가 죽어 있다와 살아 있다 둘 다 주장할 수 없지만 큐비스트는 미래에 일어날 일에 대한 그 자신의 신뢰를 이야기하지 고양이의 현재 상태를 이야기하지는 않는다.

웃는 철학자라는 별명이 있는 데모크리토스가 이 이야기를 듣는다면 웃을 것이다. 2,000년도 더 지난 지금 그의 경고가 마침내 이야기되고 있다. '지성'이 '감각'을 존중하기 시작했다.

14장

실험실에서의 양자 기묘도

초기에 양자역학의 지속적인 개념 문제는 확실하게 딴세상 느낌이 있었다. 이론이 실제로 잘 작동되었고, 역설은 내용보다도 형식주의의 해석과 더 연관되어 보였기 때문에 물리학자는 대부분 그것들을 무시할 수 있다고 느꼈다. 파동함수의 붕괴, 위그너의 친구 문제 그리고 슈뢰딩거의 고양이 같은 문제들은 '사고 실험'의 영역에 속한다. 사고 실험은 실험실에서 반복해서 재현할 수 없는 정제된 이론 연습을 말한다. 당신은 붕괴되고 있는 파동함수를 잡을 수 없으며, 보지 않은 상태에서 고양이 생사를 결정할 수 없다.

하지만 사고 실험 전부를 버려서는 안 되며, 가끔 실재가 되기도 한다. 예를 들어 20세기 초기에 아인슈타인은 사고 실험을 통하여 특수상대성이론과 일반상대성이론을 개발하기 시작했는데, 이 이론들은 역사적인 여러 업적을 남기며 많이 향상된 정확도를 가지고 관측소와 실험실에서 구현되었다. 1935년 동료 보리스 포돌스키,

네이선 로젠과 함께 쓴 "물리학적 실재의 양자역학적 기술이 완전하다고 할 수 있을까?"라는 제목의 논문은 사고 실험이 실제가 된 또 다른 한 예다. 저자들(EPR)은 만약 당신이 어떤 종류의 원자 실험을 실제로 하고 그것을 양자역학적으로 기술한다면, 기묘하고 모순된 결론을 내리게 된다는 것을 알아내게 되는데, 이러한 결과는 아인슈타인이 당대의 이론에 의문을 품게 만들었다. EPR 역설이라고 알려진 이 논쟁은 물리학의 기초에 관심 있는 철학자들, 역사가들, 물리학자들의 소모임에서 격렬하고 끝없는 논쟁을 촉발했다. 1955년 아인슈타인이 사망한 이후 그의 사고 실험이 실현되기 시작했다.

역사적 순서를 따르지 않고, 양자역학에 대한 아인슈타인의 우려가 근거 없다는 것을 증명한 EPR 실험의 설명을 건너뛸 것이다.[1] 그 대신 나는 21세기로 넘어와, 원래 예보다 EPR 아이디어를 더 쉽게 이해할 수 있는 다른 실험 구성을 설명할 것이다. 모호한 통계학적 상관관계나 양자현상에서 일어나는 무작위성의 역할에 의존하는 이전과 다르게, 이 실험은 양자역학과 일반 상식 사이의 갈등을 일거에 해소해주는 단 하나의 관찰에 주목할 것이다. EPR는 아인슈타인이 자명하게 옳다고 생각했던 두 가지 일반적인 가정의 조합이 양자역학이 틀렸거나 최소한 완전하지 못하다는 결론에 도달함을 암시한다. 반대로 만약 양자역학이 맞는다면 당신은 두 가정 중 하나는 포기해야만 한다. 아인슈타인은 둘 중 어느 것도 포기할 수 없었고, 따라서 양자역학이 언젠가는 완전해지기를 바라는 처지가 되었다. 큐비스트를 포함한 대부분 물리학자는 양자역학이 완전하고 정확한 이론이라고 믿기 때문에 두 가지 EPR 가설 중 하나를 포기하도록 강요받는다.

대단히 중요한 두 가지 가설은 '국소성'과 '실재론'이다. 국소성은 아인슈타인이 말한 으스스한 원격작용이 없다는 것이다. 국소이론은 신호나 다른 물리적 효과가 무한대 속도로 전파되지 않는다는 것이다. 그 대신 그들은 한 점에서 이웃한 점으로 빛의 속도를 넘지 않는 속도로 도미노처럼 공간을 통해 전파된다. 극적으로 화려하게 국소성 원리를 위반하는 뉴턴의 중력은 국소성 원리를 만족하는 일반상대성이론으로 대체되었다.

양자역학에서 국소성 원리의 위배는 두 가지 상황에서 일어난다고 볼 수 있다. 우리가 본 것처럼 파동함수의 붕괴는 큐비스트들이 물리적 실재가 아닌 확률을 신뢰로 해석하여 설명하는 비국소적 과정이다. EPR 같은 실험은 연관은 되었지만 다른 방식으로 국소성의 원리를 위배하는 것처럼 보인다. 그들은 한곳에서 어떤 물리량의 측정 결과가 순간적으로 아니면 적어도 빛보다 더 빠른 속도로 멀리 떨어진 또 다른 측정 결과에 영향을 미친다는 것을 보이려 한다. 마술사들은 그것을 생각의 힘만으로 물체를 움직이는 기술인 염력이라고 한다. 아인슈타인은 그것을 으스스하다고 불렀다.

그럼에도 이런 효과의 실험적 증명은 너무 놀라워서 어떤 물리학자들은 세계를 비국소적이라고 믿게 만들 정도다. 우주가 당신이 멀리 떨어져 간지럽히기만 해도 떨릴 정도로 서로 연결된 하나의 유일한 물체라는 것은 확실히 시적 표현이지만, 그것을 부인하는 것이 우주 작용을 이해하는 데 훨씬 더 효과적인 접근법이다.

아마도 자명한 EPR의 두 번째 가정은 정확히 밝히기가 더 어렵다. 여기서 말하는 실재론은 물론 문학적·예술적·철학적 실재론이 아닌 과학적인 실재론이다. 하지만 당신이 권위 있는 온라인판 '스탠퍼드 철학 백과사전'에서 180개가 넘는 참고문헌이 실려 있는 '과학적 실재론'에 관한 30쪽짜리 논문을 읽는다면 당신을 맥 빠지게 하는 다음과 같은 경고를 보게 될 것이다. "과학적 실재론이 그것을 논하는 모든 저자에 따라 다르게 특징지어진다고 말하는 것은 아마도 아주 약간만 과장된 것이다." "어이쿠!"

아인슈타인의 소박한 지혜에 한 번 더 의존해서 아무도 달을 보지 않더라도 달이 거기에 있다는 가정을 실재론의 정의로 사용하려고 시도해볼 수 있다. 조금 더 일반적으로, 물체가 측정과 관찰에 따라 영향을 받지 않는 물리적 특성을 지닌다는 가정을 나타낸다. 더 나아가 '실재'가 측정이나 관찰뿐만 아니라 생각과 의견에도 영향을 받지 않는 것을 의미한다고 제안할 수 있다. 따라서 EPR는 실재성을 다음과 같이 정의한다. "만약, 시스템에 어떤 교란이 없다면, 어떤 물리량의 값을 … 우리가 확신을 가지고 예측할 수 있다면, 그러면 그 물리량에 해당하는 '실재의 요소'가 존재한다."[2]

이런 가정이 실제로 어떻게 작용하는지 보기 위해 우리는 시스템을 확실히 교란하지 않는 천체 관측을 생각해볼 수 있다. 갈릴레오 갈릴레이가 목성의 위성들을 발견했을 때 회의적인 천문학자들은 그것들을 그 당시 사용된 초기 망원경의 반사광 또는 렌즈의 결함에 따른 결과물이라고 믿었다. 사실 목성 근처 하늘에 어떤 날은 3개 또 다른 날은 4개의 작은 점들이 보였고, 그들의 위치가 밤마다 바뀌었다. 하지만 결국 규칙성이 밝혀졌는데, 위성이 보였다 사라졌다 하는 것은 위성들이 행성의 앞쪽 또는 뒤쪽을 지나는 것으로 설명할 수 있었고, 위성들의 위치에 대한 예측도 정확한 것으로 밝혀졌다. 그때부터 하늘에서 위성들과 그들의 위치는 실재 요소가 되었다.

EPR의 주장을 요약하면, 양자역학은 국소성과 실재론을 동시에 만족시킬 수 없다. 만약 당신이 아인슈타인처럼 둘 다 고집한다면, 당신은 양자역학의 결점을 찾아야 한다. 이것은 놀랍도록 포괄적인 주장이다. 대부분 물리학적 예측은 훨씬 더 구체적이고 수수하다. 만약 이 공이 120㎝ 높이에서 떨어진다면 0.5초 만에 땅에 닿을 것이다. 그럼에도 모호하고 철학적인 전제 조건을 가진 EPR 주장을 증명하기 위한 실험이 수행되었다.

나는 이 실험을 '*큐비트*' 측면에서 기술했는데, 이것이 가진 여러 도구적 문제는 무시할 것이다. 게다가 실제로는 광자를 가지고 실험했지만 전자가 물질을 이루는 입자고 광자보다 우리 직관으로 접근하기 좋기 때문에 나는 전자를 가지고 기술할 것이다. *큐비트*의 매력은 모든 두 가지 상태를 가진 양자 시스템을 간결하게 기술할 능력이 있다는 것이다. 광자는 두 가지 방향의 편극을 가지고 있고, 전자는 어떤 임의의 축에 대한 두 가지 방향의 스핀을 가지고 있다.

시작하기 전에 분석하는 데 유용한 역할을 하는 논리적 장치인 이행성(transitivity) 개념을 소개하겠다. 이행성은 정말로 상식적인 것이다. 만약 앨리스와 밥의 눈 색깔이 같고 밥과 찰리도 마찬가지라면 앨리스와 찰리의 눈 색깔도 같다고 할 수 있다. 동등함이 이행, 즉 옮겨가는 것이다. 만약 A=B이고 B=C라면 A=C인 것은 논리적일 뿐만 아니라 상식에 따른 것이다. 양자실험에 필요한 이행 관계는 기하학적인 방향에 대한 것이다. 만약 스핀 A와 B가 같은 방향을 가리키고 B와 C가 같은 방향이라면 A와 C는 역시 필연적으로 같은 방향을 가리킬 것이다. 하지만 전자의 스핀은 한 번에 하나의 축에 대해서만 측정될 수 있다는 사실을 명심해야 한다. 이제 EPR, *큐비트*, 국소성, 실재론, 그리고 이행성 등 퍼즐의 조각들이 다 모인 셈이다.

내가 기술할 단순화하고 이상화된 실험은 다니엘 그린버거, 마이클 혼 그리고 안톤 차일링거(GHZ)가 1989년 좀 더 현실성 있게 제안했고, 2000년에 실험이 이루어졌다. 그 실험은 준비, 측정, 예측, 분석 4단계 과정으로 되어 있다.

준비

3개 전자를 가까이 모아 '얽힘 상태'라고 하는 매우 특별한 모양을 이루게 한다. 전자들의 스핀 파동함수는 3개 화살표로 나타낼 수 있는 3개의 '*큐비트*'로 표현할 수 있는데, 이 화살표는 세로축 또는 가로축 방향에 따라 측정된 스핀의 방향을 나타낸다. 그들이 서로 가까이 있는 동안에는 전자들은 관측되지도 않고 그들의 스핀도 측정되지 않는다.

중요하고 기술적으로 어려운 이런 준비 단계 이후 전자들은 먼 곳으로 날아가게 만드는데, 그곳에는 그들 각각의 스핀을 측정할 수 있는 3개의 독립적인 탐지기가 있다. 3개 스핀 중 2개가 같은 가로축 방향을 가리킬 때 세로축 방향에서 측정된 세 번째는 위를 가리키도록 실험 장치를 조작했다. 한편 2개 가로축 스핀이 서로 반대

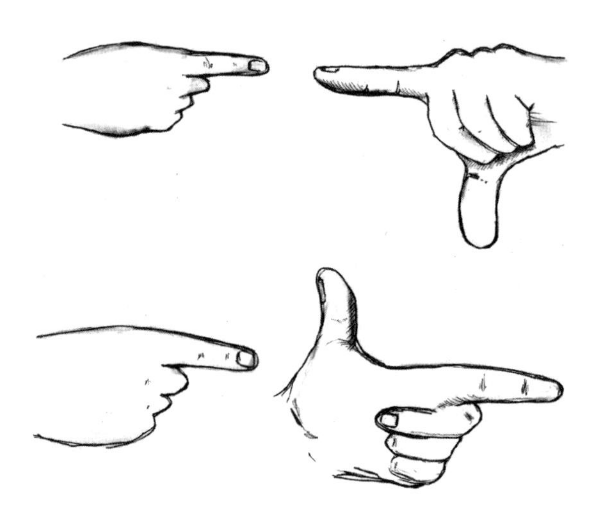

방향을 가리키면 세 번째는 세로축 방향에서 아래를 가리킨다. 오른쪽, 왼쪽, 위, 아래를 R, L, U, D로 축약해서 나타내면 가능한 관측은 RRU, LLU, RLD 그리고 LRD밖에 없다. 기호로 나타내면 (→→↑), (←←↑), (→←↓) 그리고 (←→↓)이다. 3개 전자는 서로 교환이 가능하고 괄호 안 화살표들의 순서는 무관하기 때문에 마지막 두 가지 경우는 실제로 같은 것이다.

이 상황을 기억하는 데 도움이 될 기억법은 다음과 같다. 당신의 검지 2개가 같은 가로축 방향을 가리키면 그들은 '동의함'을 나타내며, 엄지 중 하나가 '위'를 가리킨다. 만약 검지가 가로축 방향에서 반대 방향을 가리키면 그들은 '동의하지 않음'을 나타내고 엄지는 '아래'를 가리킨다.

이런 준비는 반복해서 할 수 있다. 그때마다 새로운 3인조 전자와 가로축 방향에서 2개 탐지기와 세로축에서 1개 탐지기를 준비하면 된다. 이것은 견고하고 확실하다. 어떤 두 가지 측정값을 가지고 있으면, 세 번째는 확실하게 예측될 수 있고, 따라서 EPR의 실재 요소라고 불릴 수 있다. 나는 가능한 결과에 대한 이런 제한을 GHZ 규칙이라고 부른다. 전체 실험에서, 3개 전자의 준비는 어떤 방식으로도 변하지 않는다.

측정

이런 방법으로 준비한 후 읽힌 전자들이 서로 떨어지고, 멀리 떨어져 있는 탐지기로 그들의 스핀이 측정된다. 하지만 탐지기는 준비 상태에서 점검했던 것과 다른 방향으로 향해 있다. 특히 3개 탐지기 모두 오직 세로축 방향의 스핀만 측정한다. 처음 두 결과를 조합해보면 UU, UD, DU 그리고 DD가 된다. 오직 UU만 유지하고, 다른 것은 모두 버린다.

예측

세 번째 탐지기는 무엇을 알아냈을까? 첫 번째 U는 전자2와 전자3의 가로축 스핀이 '만약 측정되었다면' 서로 동의함을 의미한다. 두 번째 U는 전자1과 전자3의 가로축 스핀이 '만약 측정되었다면' 역시 서로 동의함을 의미한다. 상식적이기도 하지만 이행성의 원리에 따라, 이것은 전자1과 전자2가 동의함이어야 하고 따라서 세 번째 전자의 세로축 방향의 스핀(엄지손가락)은 '위'가 된다. 간단히 말해, 고전적 예측은 3개 탐지기가 UUU로 측정된다는 것이다.

한편 양자역학은 UUU 구성은 명백하게 금지되어 있고, UUD

만 허락된다는 것을 예측한다. 이런 예측은 GHZ 파동함수 덕분에 직접적으로 도출된 것이지만 나는 그것보다 더 잘 설명할 수 없다. 중요한 것은 사실 실험으로 확인되었다는 것이다. 그러니 익숙해져라! UUD 결과는 적절한 조치를 요구한다. 크고 명백하고 부인할 수 없는 것이다. 어떤 다른 관측보다도 더 인상적이며, 사고의 혁신이 필요하다는 신호다.

분석

양자역학은 상식과 경쟁해서 이겼다. 즉 상식이 졌다. 이제 우리는 국소성과 실재론의 영향을 조사해야 한다. EPR에 따르면 이 둘 모두가 이 땅의 법칙으로 지속될 수 없다.

먼저 실재론을 이야기해보자. 어떤 물체가 그 특성을 가지고 다니면 그 물체는 실재다. 즉 만약 그 속성이 측정과 관측 전에 미리 존재하고, 측정과 관측이 그 속성을 나타내는 것이지 창조하는 것이 아니면, 그 속성은 실재다. 11장에서 앨리스와 밥이 빨간색과 검은색 카드를 봉투에 넣었던 것을 기억해보자. 그것들은 봉투를 열기 전에도 실제로 존재한다. 그러면 스핀 방향 또한 전자의 실재 속성이라고 가정해보자. 또 양자역학의 법칙에 반해서 세로축과 가로축 스핀 두 값이 각 전자에 동시에 배치되고 항상 GHZ 규칙(RRU, LLU, RLD 그리고 LRD)을 따른다고 가정해보자.

이러한 가정 아래 스핀들은 전자들이 실험을 시작하면서 함께 있는 동안 미리 할당된다. 오직 2개 배치(그리고 그들의 거울상)만이 필요한 규칙을 따른다. 기호로 표시하면 화살표들의 각 쌍은 (동시에) 1

개 전자의 세로축과 가로축 스핀값을 나타낸다. (한 번 더 나는 양자역학이, 특히 불확정성 원리가, 가로축과 세로축 스핀을 동시에 측정하는 것을 금하는 것을 상기시킨다.) 여기에 허락된 모양을 나타내면 다음과 같다.

↑→↑→↑→ 그리고 이것의 거울상 ↑←↑←↑←

또는

↓→↓→↑← 그리고 이것의 거울상 ↓←↓←↑→

위의 네 가지 배치가 정말로 GHZ 규칙을 따른다는 것을 점검해보기 바란다.

다른 모든 배치는 규칙을 따르지 않는다. 예를 들어 2개 '위'를 포함한 아래의 배치에서 규칙이 깨지는 곳은 어디일까?

↑→↑→↓→ 그리고 이것의 거울상 ↑←↑←↓←

또는

↑→↑←↓← 그리고 이것의 거울상 ↑←↑→↓→

이런 결과가 어떻게 얻어지는지 좀 더 자세히 살펴보자. ↑로 시작해서 나머지 모양을 만들어보자. 항상 GHZ 규칙을 따른다. 당신은 미리 할당된 스핀값으로 관측된 결과 UUD를 찾아내기가 불가능하다는 것을 금세 알게 될 것이다. 이를 해결할 유일한 방법은 으스스한 효과를 불러오는 것이다. 2개의 처음 측정 UU가 멀리 떨어진 곳에서 행해지는 마지막 측정에 어떻게 영향을 미쳐 D가 오도록 하는데, 이는 양자역학이 옳게 예측하는 값이다. 만약 당신이 실재론을 고집한다면 국소성이 깨지게 된다.

한편 만약 당신이 (큐비스트들처럼) 실재론을 포기한다면 국소성을 살릴 수 있다. 이 경우 전자들은 초기에 국소성을 만족시키는 한 공간에서 상호작용하여 GHZ 규칙을 만족시키는 양자 파동함수에 의해 기술되는 얽힌 3인조를 만들어낼 것이다. 그것이 실재가 아니기 때문에 파동함수는 위의 작은 화살표들이 나타내는 것이 실제 상태를 기술한다고 주장할 수 없다. 그 대신에 파동함수는 큐비트로 만든 정교한 수학적 구조로 준비 단계와 측정 단계에서 GHZ 실험의 결과를 정확하게 예측한다.

GHZ 실험은 "행하지 않으면 아무런 결과를 얻지 못한다"라는 격언의 훌륭한 실례를 제공한다. 고전물리학과 양자물리학 사이의 모순은 이 실험의 마지막 단계에서 가로축 스핀이 비록 측정되지 않는다 하더라도 어떤 정해진 값을 갖는다고 가정할 때만 생긴다. 페레스의 주의 깊은 경고는 1개 전자에 대해, 기호로는 ↑→처럼 표현되는, 두 스핀의 동시 배치를 금지한다.

GHZ 실험을 분석하는 한 대안적 방법은 숨은 변수로 나타내는 것인데 그것은 봉투에 밀봉된 빨간색과 검은색 카드 같은 숨은 메시지를 가지고 있다. 양자역학의 많은 예측은, 아인슈타인의 바람처럼, 국소성과 실재론 중 하나를 희생하지 않고 설명할 수 있다. 당신이 만약 정보를 전달하는 미지의 속성을 지닌 존재를 가정한다면, 이 속성값을 조정하여 많은 양자역학적 결과를 재현할 수 있다. 예를 들면 GHZ 실험에서 이런 프로그램은 준비 단계를 거쳐 내내 성공할 것이다. GHZ 규칙은 비록 그들이 동시에 측정되지 않더라도 세로축과 가로축 스핀을 동시에 배치할 수 있도록 강화될 수도 있을 것이다. GHZ 실험에서 양자역학, 국소성 그리고 실재론은 탐지기 중 2개는 가로축 스핀을, 세 번째 탐지기는 세로축 스핀을 탐지하는 한은, 숨은 변수와 만족스럽게 공존한다.

GHZ의 요점은 3개의 탐지기가 모두 수직일 때, 아무리 상상의 나래를 펼쳐보아도, 심지어 숨은 변수의 가설조차도, 양자역학과 상식 사이의 분명한 모순을 피할 수 없다는 기발한 발견이다. 밀봉된 봉투 속의 카드와 같은 숨은 변수는 고전물리학자들이 모든 실험의 측정치들 사이에서 어떤 일이 일어나는지 방해받지 않고 믿을 만한 이야기를 하도록 허락한다. 그러한 가능성은 비록 우리가 관측으로 증명하지 못했다 하더라도 실제 무슨 일이 일어나는지 이해할 수 있다는 주장에 해당한다. 실재론에 해당하는 가정이다. 그러나 양자역학은 우리로 하여금 이런 이야기를 포기하게 한다. 애셔 페레스의 "행하지 않은 실험은 아무런 결과가 없다"라는 경고는 그들을 조작하려고 할 때 나타날 수 있는 끔찍한 결과를 경고한 것이다.

GHZ 실험은 큐비즘의 옳음을 증명하지 않는다. 하지만 앞서 말한 아인슈타인, 포돌스키, 로젠의 실재론에 의해 큐비즘은 으스스한 원격작용을 피하는 간단하고 확신을 주는 방법이다.

15장

모든 물리학은 국소적이다

양자역학은 명시적인 원격작용을 포함하지 않는다. 예를 들어 GHZ 실험에서 파동함수는 3개 전자의 스핀을 기술하기 위해 3개 큐비트의 조합으로 구성된다. 위치와 시간은 이 표현에서 언급조차 되지 않기 때문에 원격작용이라는 말의 거리와는 무관하다. 그에 반해서 뉴턴의 유명한 만유인력의 법칙은 내가 움직이는 동시에 당신 몸에 작용하는 내 인력이 순간적으로 바뀐다고 설명하는데, 이는 명시적이고 순간적인 원격작용의 예다. 그러나 당신이 GHZ 파동함수를 어떻게 사용하는지, 그것으로 무엇을 하는지, 그것을 어떻게 설명하는지는 당신이 내재된 원격작용을 믿게 만들 수도 있다. 당신이 만약 파동함수가 실재한다고 고집하면, 탐지기들이 멀리서 서로 어떻게든 의사소통을 한다는, 즉 당신의 결과가 먼 거리의 측정 결과에 의존한다는 결론을 강요받는다는 것을 우리는 보았다. 뉴턴에게 중력이 그러했듯, 이런 으스스한 효과는 우리에게 미스터리로 다가

온다.

아인슈타인의 특수상대성이론과 일반상대성이론은 물리학에서 원격작용을(암시적으로에 대비해서) 명시적으로 제거해버렸다. “모든 정치학은 국소적이다”라는 미국의 유명한 격언에 빗대어 말하면, 근본적으로 모든 물리학은 국소적이다.

리처드 파인만은 이 점을 납득시킬 수 있는 기발한 방법을 만들었다. 한 원자 안의 전자들은 전기력의 영향을 받는데, 전자와 핵 사이에는 인력이, 전자들끼리에는 척력이 작용한다. 고전 이론으로 훑어보면 이런 힘들은 뉴턴이 기술한 중력과 정확하게 같은 방식으로 원격작용하며 다른 전하들 사이에는 인력, 같은 전하들 사이에는 척력이 작용한다. 이런 근사법은 초기 양자이론의 원자 파동함수를 유도해내기에는 충분히 정확하다. 하지만 엄밀히 말해서 전자기적 상호작용 자체도 양자화되기 때문에 전자들뿐만 아니라 그들 사이의 힘도 양자역학의 법칙에 영향을 받는다. 이 임무를 완수하기 위한 이론은 20세기 중반에 완벽하게 만들어졌고, 양자전기동력학을 의미하는 QED라는 이름으로 적절하게 붙여졌다. 이 이론은 양자역학을(특수상대성 이론 및) 고전 전기역학과 결합시켜 탄생했으며, 광자와 전자의 행동을 놀라울 정도로 정확하게 기술한다. 8장에서 말한 전자 자기력의 크기도 이런 성공 중 하나다.

이 이론이 실험과의 일치를 개선하도록 정교해짐에 따라 이론의 복잡성은 급격히 증가했다. 나중에는 다량의 복잡한 계산이 필요했고, 필연적으로 계산상 오류가 생기는 결과를 가져왔다. 노력을 절약하는 데 예리한 안목을 지닌 영리한 파인만은 방정식들에 존재하는 공통된 패턴을 발견하고 이 패턴을 연상시키는 그림 언어를 개발했는데, 이것은 양자역학을 계산하기 위한 수학적 속기 같은 것이다. 이러한 '파인만 다이어그램'은 너무 간단해서 물리학자들이 수학 속 깊은 곳에 묻혀 있는 아주 어려운 것을 설명하기 위해 식당의 냅킨에 낙서하듯이 쓸 수도 있다. 동시에 직선과 구불구불한 선으로 구성된 다이어그램 그림을 수학 공식으로 바꾸어주는 세부적 레시피도 마련되어 있다. 파인만 다이어그램은 곧 만국 공통어처럼 보편적인 기호 언어가 되어 세계 도처의 입자물리학자들이 사용한다.

내가 처음 해독 방법을 배운 파인만 다이어그램은 직선 두 개와 물결선 한 개로 구성되었는데, 두 전자가 어떻게 서로 밀어내는지에 대한 간단한 근사를 나타낸다. 그들 사이의 전기력은 멀리 떨어진 전하들 사이의 척력으로서가 아닌 한 전자에서 광자가 방출되고 다른 한 전자에서 재빨리 광자를 흡수한 결과로 다루어진다.(이 효과는 때때로 스케이트를 탄 두 명이 야구공을 힘차게 주고받을 때 느끼는 명백한 반발력에 비유된다. 던질 때의 반동과 받을 때의 충격이 그들을 멀어지게 하는 것과 같다.) 다이어그램에서 시간은 항상 위쪽으로 흐르고, 전자들은 다가오면서 서로 밀어내곤 멀리 날아간다. 물결선에 매달려 있는 검은색 점 두 개는 각각 물리적 상호작용이 일어나는 특정한 공간과 시간의 지점을 나타낸다. 더욱 정교한 추정치를 나타내려면 실선과 물결선으로 거미줄처럼 더욱 복잡한 다이어그램으로 표현하면 된다. 각각의 분기점은 검은색 점으로 표시한다. 네 개의 끝은 들어오고 나가는 전자들이고 다른 모든 것은 실제 거미줄처럼 단단하게 연결되어 있다. 다이어그램 안에는 (매달려 있지 않은) 느슨한 끝은 없다.

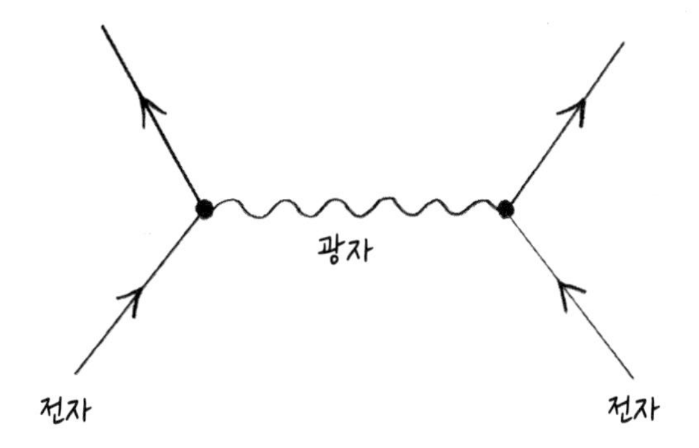

파인만의 그림 언어는 다른 입자, 즉 중성미자, 쿼크 그리고 글루온은 물론 얼마 전 발견된 힉스 입자까지도 포함하도록 확장되었다. 새로운 규칙과 그림 규약이 만들어졌다. 전체 이론은 실험실에서 아주 잘 입증되어 '입자물리학의 표준 모델'이라는 이름으로 도입되었다. 대성당만큼 큰 기계들, 군단 규모의 물리학자들과 공학자들, 수년에 걸친 연구, 수십억 달러의 돈이 표준 모델을 탐구하는 데 쏟아 부어졌다. 지금까지 물리학자들은 아주 훌륭하게 해내고 있다. 물론 물리학자들은 어느 설명할 수 없는 불일치가 나타나 새로운 것을 배울 수 있게 되길 항상 바라지만.

지난 반세기 동안 행해진 실험 수천 건을 기술하는 모든 다이어그램에서 공통적으로 나타나는 특기할 만한 모습은 모든 외부 선은 검은색 점으로 끝나고 모든 내부 선은 각 끝에 검은색 점이 있다는 것이다. 이는 전체의 이론적 장치에서 개개의 상호작용이 공간과 시간의 한 점에서 일어난다는 것을 의미한다. 즉 엄격하게 국소적이다. 양자물리학의 수학적 이론은 명시적으로 국소적이다.

국소성은 매일같이 일어나는 우리의 경험, 현대 이론물리학, 그리고 아인슈타인의 직관이 완벽하게 일치하는 아주 드문 경우 중 하나이다.

수학에 대해 이야기를 많이 했는데, 근본적 방정식이 엄격히 국소적이라는 결론은 여전히 그들의 해석에서 의문으로 남았다. 아인슈타인, 포돌스키, 로젠은 당신이 국소성을 고집하고 양자역학을 구하기를 원한다면 실재론을 포기해야 한다고 넌지시 말한다.[1] 큐비즘은 물론 그렇게 하지만 다음과 같은 의문은 여전히 남는다. 큐비즘에서 상호작용이 일어나는 점들이 있는 곳, 라틴어로 로키(loci,

장소)는 어디인가? 파인만 다이어그램의 검은색 점들은 결국 시공간에서 실제 점이 아니라 확률 계산에 사용되는 수학적 장치일 뿐이다. 쉬운 말로 하면, 큐비즘에 따르면, 어디에서 이런 일들이 일어나는가?

이 질문에 대한 큐비스트의 대답은 색다르고 놀랍다. 푹스(Fuchs), 샤크(Schack)와 같이 원조 큐비스트인 데이비드 머민은 이렇게 설명한다. "큐비스트의 양자역학은 국소적입니다. 왜냐하면 어떤 행위자가 개인의 경험 내용에 대한 신뢰도를 조직화할 수 있게 만드는 게 목표의 전부이기 때문입니다."[2] 개인의 경험들은 행위자 마음속에 기록된 (위치한) 것이다. 그들은 시간에 따라 서로를 따르지만 정의에 따르면 멀리 떨어진 곳에서는 결코 동시에 일어나지 않는다. 그들은 국소적이다. 서로에 대한 그들의 관계는 뉴턴의 중력 안에 있는, 2개 질량을 가진 물체 사이의 연결과 근본적으로 다르다. 큐비스트는 한 물체를 움직임으로써 멀리 떨어져 있는 다른 하나에 변화를 주지 않는다. 큐비즘은 단일 행위자의 경험만이 관계있기 때문이다.

GHZ 실험은 이 점을 설명한다. 앨리스라는 이름의 행위자가 멀리 떨어진 곳에 있는 3개의 탐지기 중 1개를 작동한다고 해보자. 과거 경험에서 그녀는 GHZ 규칙으로 요약한 3개 스핀의 연관성을 알고 있다. 그녀의 탐지기 3개의 전자 중 1개의 세로축 스핀을 측정하고 그 결과가 '위'라는 것을 알게 된다. 그런데 두 번째 탐지기 작동자인 밥에게서 자신도 '위'로 측정되었다는 전화가 걸려왔다. 만약 그녀가 보통의 양자역학을 아는 사람이라면, 세 번째 탐지기를 읽는 찰리의 결과를 고전역학이나 양자역학을 사용하여 예측할 것이다.

그러나 그녀가 만약 큐비스트라면 그렇게 하지 않을 것이다. 이 경우 그녀가 할 수 있는 최선은 이렇게 말하는 것이다. “찰리에게서 소식을 듣게 되면 그는 결과가 ‘아래’라고 할 것이라고 확신합니다.” 그리고 찰리가 그렇게 하면 앨리스는 고전물리학이 틀렸다고 결론을 낼 것이다. 그녀는 양자이론이 옳게 작동한다는 사실 외에는 그 결과를 ‘설명’하지 못한다. 하지만 그녀는 그것에 대해 으스스한 이야기를 하려고 하지는 않을 것이다. 푹스 등에 따르면, 그녀에게는 “비국소성의 이슈는 그냥 일어나지 않습니다”라고 말할 것이다.

16장

신뢰와 확신

양자역학에 대해서 아인슈타인은 3분의 2만 옳았다. 아인슈타인, 포돌스키, 로젠(EPR)의 논문은 우리가 오늘날 알듯이 양자이론이 자연을 국소적이며 실제적으로 기술할 수 없다는 것을 올바르게 제안했다. 국소성을 말해보면, 이는 아인슈타인 자신의 특수상대성이론에 의해 필요한 것이었다. 그것은 아인슈타인이 잘못 생각한 일종의 물리학적 실제주의에 대한 그의 고집이었다.

큐비스트를 포함한 대부분의 사람들은 거기에 실제 세계가 있다고 하는 아인슈타인의 직관적이고 상식적인 느낌을 공유했다. 그에 반해 위대한 사전편찬자 사무엘 존슨은 오직 마음과 생각만 있다고 주장하는 사람들에게 강력하게 논박했다. 커다란 바위를 차면서 그는 이렇게 외쳤다. “나는 그것을 반박합니다.” 그의 격렬한 몸짓이 실제로는 아무것도 입증하지 못했기 때문에 그것은 ‘전제가 초래하는 모순을 이용한 논쟁(argumentum ad absurdum, argument to absurdity)’에 비유되어, '돌을 걷어차는 논쟁(argumentum ad lapidem, argument to the stone)' 혹은 '건방진 묵살'로 알려져 있다. 하지만 직감적 표현의 하나로서 존슨 박사의 극적 몸짓은 상당한 인상을 남겼다.

문제는 실제가 존재하는지뿐만 아니라 오랫동안 학자들이 품고 있었던 여러 복잡한 질문이다. '우리는 실제를 어떻게 인식하는가, 우리는 그것과 어떻게 상호작용하는가, 그리고 우리는 그것을 어떻게 나타내려고 하는가'와 같은 질문 말이다.

양자역학이 이런 문제를 들춰낼 때까지 물리학자들은 인간 지식의 방법과 한계에 대해 생각하는 것을 피해 왔고, 형이상학은 형이상학자들에게 남겨두었다. 아인슈타인과 그의 EPR 동료들이 실제(reality)라는 단어가 뜻하는 바가 정확히 무엇인지 밝히려고 노력한 것은, 비록 그들의 정의가 너무 제한적이라는 사실이 밝혀졌지만, 아인슈타인의 공이다. EPR 논문 이후 '실제 요소(element of reality)'라는 말이 그의 편지에서 사라졌다는 사실로부터 판단해보면, 아인슈타인은 스스로 결론을 내렸다.[1] 하지만 그 정의는 간결함의 미덕을 갖추었고 아인슈타인도 한동안 만족했으므로, 이에 대해 더 집중해서 토론해보자.

EPR에 따르면, "어떤 교란도 배제한 상태에서, 만약 우리가 어떤 물리량의 값을 확신을 가지고 예측할 수 있다면 (즉 확률이 1이라면), 그러면 그 물리량에 해당하는 실제 요소가 존재한다." 이 유명한 정의는 전제 조건과 결론 모두 논쟁의 여지가 있는 '만약 … 그러면'과 같은 삼단논법으로 표현된다. 전제 조건은 반복적으로 성공하는 예측은 확실성으로 이어짐을 의미한다. 그것은 특수한 사례들로부터 일반적 진리를 이끌어내는 '귀납에 따른 논쟁'의 예다.

하지만 귀납도 논리적 의미의 힘을 가지고 있지 않다. 당신이 본 모든 백조가 흰색이라는 사실은 모든 백조가 흰색이라는 것을 증명하지 않는다. 태양이 영겁의 시간 동안 매일 떠오른다는 사실은 태양이 항상 그렇다는 것을 증명하지 않는다. 사실, 천문학자들은 그렇지 않다는 것을 장담한다.[2]

EPR 정의의 결론은 '확실'에서 더욱더 중요한 어떤 것으로 진행하기 위해 시도한다. 만약 어떤 것이 확실하다면 그것은 실제임을 의미한다. 거기에는 논의 중인 '물리량'을 고정해주고 모든 예측의 성공을 보장해주는 일종의 객관적인 물리적 방법이 실제 세계에 있어야 한다. 하지만 겉모습은 비록 지속적이고 예측 가능할지라도 숨겨진 객관적 진리를 반드시 드러내지는 않는다. 과학의 세계를 포함해 일상 세계는 확신을 증명하기에는 너무 많은 환상, 신기루, 자기기만, 그리고 오해들로 가득 차 있다. 인터넷에서 찾을 수 있는 놀라운 시각적 착시 예들은 실상과 인지의 격차를 아주 잘 설명한다.

개인의 판단을 개선하는 측면에 베이지언 확률은 확실성의 의미에 대한 효과적인 대안을 제공해준다. '확률값이 1인 확률 (즉 100%의 확률)'을 주의 깊게 시험해야 한다는 힌트는 베이즈 법칙에 내재되어 있다. 새로운 정보의 습득이 어떤 배수의 곱셈에 따라 사전 값이 사후 값으로 바뀐다는 것을 상기해보라. 하지만 곱셈으로 결코 바뀌지 않는 수가 하나 있는데 그것은 0이라는 숫자다. 0은 어떤 유한수를 아무리 곱해도 0이다. 만약 사전 값이 0이라면, 즉 어떤 사건이 불가능하거나 명제가 거짓이라고 여겨졌다면, 아무리 많은 추가 정보로도 이 확신을 바꿀 수 없다.

사전 확률이 1인 경우도 똑같은 운명을 가진다는 것은 그 명제를 부인하는 것으로 간단히 바꾸는 것으로 증명할 수 있다. "사과를 놓으면 땅에 떨어질 확률은 얼마일까?"(사전 확률 1)라고 묻는 대신에 "사과를 놓으면 땅에 떨어지지 않을 확률은 얼마일까?"(사전 확률 0)라고 묻고 이전의 문단 추론을 적용한다.

간단히 말해 베이즈 법칙은 확실성은 건드리지 않고 그대로 둔다. 이것은 만약 새로운 증거가 사전 확률을 갱신할 정도로 아주 강력하다면 문제가 될 수도 있다.

베이지언 통계학자들은 간단한 계책으로 이 결점을 극복한다. 수학적인 또는 논리적인 경우에 대한 확실성을 제외하고 그들은 0과 1의 사전 확률을 0과 1에 아주 가까운 숫자로 대체하고 거기서부터 나아간다. 수학자 데니스 린들리는 0과 1의 사전 확률을 피하기 위한 금지를 '크롬웰의 규칙'이라 이름 지었다. 참고문헌은 (토머스가 아닌) 올리버 크롬웰이 스코틀랜드 국교회 총회에 보낸 편지로, 그들의 신념을 '신의 의지와 마음'에 따라 결정된 불변의 진리로 정당화함으로써 그들 자신들을 궁지에 몰아넣지 않도록 탄원하는 편지다. 강조하기 위해 크롬웰은 특유하고 잊을 수 없는 말을 사용하였다. "나는 그리스도 안에서 당신이 실수할 수도 있다고 생각하기를 애원합니다(I beseech you, in the bowels of Christ, think it pos si ble that you may be mistaken)." 크롬웰의 규칙은 겸손, 열린 마음, 그리고 과학의 진취적 정신을 특징짓는 회의론에 대한 호소 혹은 의무이다.

큐비스트는 베이지언 통계학자들과 매우 다른 방식으로 크롬웰의 호소에 주의를 기울인다. 수 자체를 바꾸는 대신에 그들은 '확실성'의 해석을 수정한다. '큐비트'와 같은 파동함수가 1과 0의 확률치를 허락하기 때문에 큐비스트는 그 값을 재해석한다. 행위자가 어떤 한 사건에 확률값 1을 배정한다는 것은 무엇을 의미할까? 베이지언 확률 측면에서 보면, 행위자는 그런 사건이 일어날 것으로 확신하기 때문에, 그 사건이 일어나면 1달러를 받을 수 있는 쿠폰을 1달러 미만의 가격에 구입할 수 있다면 반드시 구입할 것이다. 이것은 같은 사건에 대한 다른 사람들의 확률 배정에 대해서는, 또는 현실 세계의 실제 구성에 대해서는 아무것도 말하지 않는다.

크롬웰의 규칙은 나에게 입문 과정에 있는 내 학생들 대부분이 가지는 듯이 보이는 오해를 상기해준다. 그들은 숫자 0.999…는—여기서 3개 점은 순환소수를 나타낸다—숫자 1과 매우, 매우 가깝다는 데 동의한다. 그러나 내가 "당신은 그것이 1보다 조금은 더 작다고 생각합니까, 다른 말로 수학적으로 0.999…<1이라고 쓰는 게 맞는다고 생각합니까?"라고 질문하면 그들은 보통 "예"라고 대답한다.

하지만 그렇지 않다. '아주 조금 작다'는 받아들일 수 있는 수학적 언어가 아니다. 사실 내 질문의 정확한 대답은 '아니다'다. 즉 0.999…=1이다. (이것을 이해하려면 1/3=0.333…과 같은 긴 나눗셈을 하고 양변에 3을 곱한다. 그러면 1/3×3=0.999…×3이 되고 이것을 계산하면 1=0.999…가 된다.)

수학 초보자는 대개 다른 많은 수처럼 1을 소수로 나타낼 때 두 가지 다른 방법이 있다는 것을 알면 놀란다. 이것은 당신 마음이 무한대로 갔다가 돌아올 수 있을 때 가능하다. 9가 끝없이 이어진 것을 상상하는 것은, 수학자들이 '극한으로 간다'고 말하는 건데, 이것은 컴퓨터에는 가능하지 않은 정신의 유람이다. 손이나 전자계산기로 하는 실제 계산은 무한 수열을 잘라먹어 0.999<1과 같이 순환소수를 포함하지 않는 부등식을 낳는다.

1=0.999…의 등식은 확실성을 다루는 세 가지 다른 방법을 상기하게 해준다. 좌변은 당신 검지만큼이나 실제적이고 구체적이다. 그것은 EPR에 따르면 실재 요소에 의해 보장되는, 절대적으로 확실한 추정을 표현한다. 그것은 단순하고 실재적이고 유한하다. 우변은 무한 자체의 개념만큼이나 이해하기 힘든 추상이지만 확실성에 대한 큐비트의 해석을 설명하는 데 도움을 준다. 순환소수는 0과 1 사이의 다른 실수와 완전히 똑같은 외형을 갖는데, 이들 모두는 확률을 나타내는 데 쓰일 수 있다. 기호적으로 0.999…의 표기는 비록 두 수가 같더라도 EPR가 숫자 1에 부여한 특별한 지위를 제거한다. 확실성을 생각하는 세 번째 방법은 점들을 제거해 등식의 근사인 1≈0.999로 만드는 것으로, 이는 크롬웰의 규칙을 나타낸다. 따라서 1, 0.999…, 0.999이 3개의 기호는 각각 EPR와 큐비스트 그리고 베이지언 통계학자들이 겉보기에는 문제가 없어 보이는 확실성의 개념에 어떻게 접근하는지를 보여주는 비유가 된다.

큐비즘에 따르면 확률 1과 0은 행위자의 개인적 신뢰일 뿐 실제 세계에 대한 진술은 아니다. 이 놀라운 결론은 1과 0의 확률 배정을 다른 확률값들의 연장선상에 있게 한다. 실재성에 대한 EPR 정의와 반대로, 거기에는 1에 가까운 확률과 1의 확률 사이에 질적인 점프가 없고, 불확실에서 확실의 경계를 넘는 양자 도약이 없고, 극복해야 하는 구린내가 나는 분리가 없으며, 견해에서 사실로 갑작스러운 전이도 없다. 사과를 놓았을 때 사과가 떨어질 것이라는 신뢰도는 오후에 비가 올 것이라는 신뢰도보다 수치적으로 무척 크다. 이 두 가지 판단은 비록 정량적으로는 몇 광년만큼이나 다르지만, 정성적으로는 같다.

이 깨달음은 큐비즘의 아주 급진적인 결과 중 하나이고 물리학자들이 가장 받아들이기 힘들어하는 큐비즘의 원리일 것이다.[3] 오래전 스코틀랜드 국교회 총회 회원들은 그들 종교의 이름으로 정당화했던 판단을 의심하는 것이 어렵다는 사실을 알았다. 그들은 믿음에 대한 확실성에 근거를 두지 말라는 올리버 크롬웰의 열정적인 호소를 거부했다.

우리 시대에 큐비즘은 더 강하게 주장한다. 그것은 심지어 확실성이 믿음의 한 형태라고 주장한다.

IV
큐비스트의 세계관
THE QBIST WORLDVIEW

17장

물리학과 인간의 경험

큐비즘이 발명되기 오래전에 보통의 양자역학은 인간의 인지는 양자역학의 수학 속 어딘가에 숨겨져 있다는 것을 암시했다. 위그너 친구의 역설은 '왜 그런지'를 보여준다. 만약 두 친구가 한 양자 시스템에 대해 같은 정보를 가지고 있지 않다면, 그들은 각각 다른 파동함수를 할당하게 될 것이다. 그들이 아는 정보는 시스템 자체에 따라서만이 아니라 그들의 과거 경험에 따라서도 결정되기 때문에, 분리된 개인적 경험은 세상을 기술하는 그들의 모델에 직접적인 영향을 미친다.

1961년, 양자역학의 진짜 의미를 정확히 알아내기 위한 평생의 노력 끝부분에서 닐스 보어는 이렇게 썼다. "물리학은 선험적으로 주어진 것에 대한 연구로 간주하는 것이 아니라 인간의 경험을 정리하고 조사하는 방법을 개발하는 것으로 간주되어야 합니다."[1]

'선험적으로 주어진 것'에 대해 보어는 아인슈타인이 '실재'라고 불렀던 외부 세계를 의미한다고 했다. 이것은 존슨 박사가 걷어찬 바위이다. 보어가 주관적인 것을 위하여 객관적인 것을 완전히 제거하지 않았다는 것에 주목하자. 그가 '선험적으로 주어진 것'이라고 불렀던 것이 부적절한 것은 아니다. 단지 그것의 역할이 사람들에게 받아들이라고 가르쳐왔던 것처럼 과학의 심장만큼은 아니라는 것이다. 실험자, 관찰자 그리고 이론가가 그들에게 외적인 '어떤 것'을 연구하지만, 그들이 직접 다루는 것은 자연 그 자체가 아니라 인간의 경험이 반영된 자연이다.

보어의 경구는, 다른 많은 그의 신탁처럼 오묘한 말들이 그랬던 것처럼, 무시당했다. 학생으로서 양자역학을 배울 때 나는 확실히 인간 경험에 대해서는 한마디도 듣지 못했다. 비록 내가 보어의 발언을 들었다 하더라도 나는 아마도 그것을 이해하지 못했을 것이다. 내가 과학에 대해 믿도록 교육받아온 모든 것과 모순되기 때문만이 아니라 그의 말이 모호하기 때문이다. '인간의 경험을 정리하고 조사하는 방법'이란 정확히 무엇일까? 기존의 양자역학은 소립자의 소우주에서 우주의 대우주까지 물질세계를 체계적으로 조사하고 수학적인 용어로 대응시키는 확실하고 쉽고 명확한 방법을 제공해준다. 하지만 그 수학적인 대응을 만들고 사용하는 인간의 느낌, 생각 그리고 기억은 방정식들에서 조심스레 제거되었다. 만약 보어가 옳았다면 그런 주관적 요소는 어느 공식에서 발견될 수 있었을까?

보어 타계 40년 후 큐비즘은 마침내 그의 암호 같은 선언에 의미를 부여할 수 있는 간단한 방법을 생각해냈다. 그의 통찰력을 실행하는 열쇠는 확률 개념이다. 큐비즘에 따르면 양자론을 떠받치는 중심 기둥인 확률은 사물이 아니다. 그것은 빈도확률론자가 제안하는 것처럼 선험적으로 주어진 것이 아니다. '동전을 2개 던져 앞면이 나올 확률'과 같은 서술은 사람의 영향과 관계없어 보인다. 그것은 '사실'임을 주장한다. 하지만 큐비즘은, 논리적으로 또 경험적으로 좀 더 효율적이기 위해서는 확률이 신뢰의 정도로 간주되어야 하며, 따라서 행위자 경험에 의존하게 된다는 것을 보인다. 빈도확률론에서 베이지언 확률로 전환함으로써 큐비즘은 인간의 사고와 신념을 물리학의 엄격한 수학적 틀 안으로 넣어준다.

큐비즘은 보어에 동의하지만 거대한 한 걸음을 더 진전한다. 보어와 다르게 큐비즘은 인류 전체의 경험이 아니라 특정한 인간, 즉 행위자 한 명의 경험을 말한다. 그러면 그 사람은 누구인가? 크리스토퍼 푹스는 1970년 비틀스 노래에 나오는 생동감 넘치는 후렴구로 강조해서 대답했다. "I-I-me-me-mine.(나-나-나에게-나에게-나의 것)."[2] 그는 개별적이고 독립적으로 각각의 양자역학 사용자를 의미한다. 큐비즘에 따르면 양자역학은 행위자들이 그들 자신의 경험을 조사하고 조직화하는 방법을 제공해준다.

만약 그것이 거대한 전체 과학의 근본 원리라기보다는 무정부주의 또는 기괴한 형태의 자기중심주의로 들린다면, 그것은 우리가 과학적 경험에 대한 범위를 잘못 이해하는 데에 익숙해져 있기 때문이다. 큐비스트 해석은 양자역학이 무엇인지 더 나아가 과학이 무엇인지의 범위를 더 좁히고, 동시에 다른 방향으론 더 넓히는 것을 의미한다. 큐비즘은 확률 추정의 타당성을 단일 행위자로 제한하기 때문에 근본적인 좁아짐을 나타낸다. 하지만 동시에 큐비즘은 광대하게 넓어지고 있다는 것을 의미하는데, 이는 행위자의 경험이 단지 전자의 스핀 또는 레이저 광선의 진동수 측정—존 벨의 무시하는 듯한 표현을 따르면 사물들의 거대한 규모 속의 '사소한 사건'—만이 아니라 과거와 현재의 모든 개인의 경험을 포함하기 때문이다.

한 명의 행위자로서 나는 내 미래 경험에 대한 확률을 배당할 때 상당한 자유를 가지고 있지만, 그 확률 배당은 확률 계산의 제약들을 준수해야 한다. 수학적 모순에서 자유로워져야 한다. 예를 들어 만약 내가 카드게임에서 킹 카드가 나올 확률이 20%라고 믿는다면, 스페이드 킹이 나올 확률을 동시에 30%로 배정하는 것은 어리석은 일이다. 반대로 나는 얼굴이 있는 카드(J, Q, K 카드)가 나올 확률을 모순 없이 10%라고 예측할 수 없다. 심리학자들과 경제학자들은 대부분의 사람들이 잘못된 직관에 의지해 그러한 난센스를 금하는 확률의 공적 법칙을 일상적으로 어긴다는 것을 입증했다. 심리학적 실험에서 사람들은 주어진 기간에 미시건보다 디트로이트에서 살인 사건이 더 많이 일어난다고 하는 등의 어리석은 믿음을 드러냈다. 이런 역설적인 행동은 심각한 재정적·사회적 결과를 초래하지만. 이는 인간 모습의 일부처럼 보인다. 그러나 과학에서는 그러한 자기모순을 뿌리 뽑아 과학 전체가 자멸하지 않도록 해야 한다. 수학의 간결한 언어는 그것이 보통 말보다 더욱 투명하고 명백하기 때문에 논리적 일관성을 보장하는 데 도움이 된다.

특정한 행위자의 경험 전체에 대한 확률 배정 그물은 세계 모든 행위자의 그것과 다르다. 눈송이처럼 확률의 그물은 복잡하고 고유하다. 하지만 행위자들 사이의 일관성은 어떻게 되는가? 만약 모든 행위자가 개인적 확률의 누에고치 같은 보호막에서 산다면 각각은 내부적으로 일관성을 유지하지만 그들 사이의 동의 또는 일관성을 가지지 못하게 되어, 과학은 개인적 선호에 따라 두서없이 왁자지껄 떠드는 난장판으로 붕괴되고 말 것이다. 과학적 경험으로 간주되는 것의 범위가 넓어지는 것은 과학을 인간 독창성의 강력한 산물로 묶어준다. 나를 내 동료와 협력자들, 과거와 현재의 과학계와 연결해주는 것은 내가 그들과 의사소통한 개인적 경험의 총합이다.

내가 읽은 모든 책과 기사 그리고 편지, 내가 들었던 모든 강의, 내가 참여했던 모든 대화, 내가 본 모든 이미지, 그리고 내가 목격한 모든 측정은 내 의식에 부가된 새로운 경험이고, 이 모든 것은 내 확률 배정을 갱신하는 배경 정보로 제공된다. 각 행위자의 경험의 집합은 고유하지만, 각각은 동등하게 공유된 거대한 공통적인 코어를 가지게 된다. 예를 들어 우리는 모두 뉴턴의 법칙을 배웠고 미래 경험에 대한 사전 확률을 계산하는 데 이용하기 때문이다. 확률 배정의 개인적 그물들 사이의 중복된 거대한 부분은 공유한 경험에 근거하며, 과학에 질서를 가져다준다. 개별적인 작은 차이는 혁신과 진전을 가져다준다.

큐비즘에 따르면 양자역학은 세계의 기술이 아니라 세계를 이해하는 기술이다. 우리의 미래 경험은 확률로만 기술된다. 그들은 상황에 따라서 고전적 혹은 양자역학적 확률이지만 모두 베이지언 확률이다. 예를 들어 전자는 어떤 실험에서는 퍼져나가는 파동함수를 가진 양자 시스템으로 생각할 수도 있지만, 다른 상황에서는 골프공에 비유되는 운동으로 생각할 수도 있다. 반대로 위그너는 그의 친구와 전자가 얽혀 있는 파동함수를 양자역학적으로 만들라고 강요받기 전까지는, 그의 친구를 고전역학적 대상으로 생각할 것이다.

포괄적이고 일관된 세계관을 개발하는 것은 어마어마한 노력을 요하는 일이다. 그 여정은 길고 어렵다. 하지만 큐비즘은 우리에게 어떻게 해야 할지 보여주었다.

새로운 세계관의 기초로 큐비즘을 채택한 것은 깊은 성취감을 가져다주었다. 그것은 마침내 내가 자연의 법칙과 그것을 발견한 사람과 개인적으로 접촉할 수 있게 해주었다. 그것은 내가 결코 예상하지 못했거나 심지어 생각할 수도 없었던 방식으로 나를 물리학의 웅대한 서사시와 얽히게 해주었다.

나는 이제 과학 연구에 더는 참여하지 않지만, 만약 내가 계속한다면 나는 평생 해온 일을 계속할 것이다. 나는 양자역학을 믿을 만한 도구로 다루면서 파동함수를 계산하고, 그로부터 확률을 계산하고, 내 실험 동료들에게 나의 결과를 실험 데이터와 비교하도록 권할 것이다. 그러나 그 과정에 대한 나의 느낌은 바뀌었다.

내가 추구했던 것은 '과학적인 방법'으로 하는 연구였다. 요즘 어떤 초등학교 교실의 벽면은 거의 표준 형태로 과학적 방법을 6~7단계로 나열하는 다채로운 도표로 꾸며져 있다. "1. 질문을 생각하라. 2. 배경을 연구하라. 3. 가설을 만들어라. 4. 실험을 하라." 왜 예술적 방법이란 제목의 포스터는 붙어 있지 않을까? 심지어 철학자들도 예술의 방법은커녕 예술의 정의를 보편적으로 수용할 수 있게 내릴 수 없었다. 예술의 정신은 너무나 인간적이어서 포스터에 기술할 수 없다. 예술은 감정, 성격, 개인별 차이에 너무 특별하게 묶여 있어 '예술적 방법'을 정의의 구속으로 강요하려는 것이 불가능할 뿐만 아니라 역효과를 낳는다. 만약 예술적 방법에 대한 포스터가 디자인된다면, 그 포스터는 그것을 기억하는 어린이들에게 영감을 불어넣어주는 것이 아니라 오히려 억제할 것이다.

예술적 방법이 너무 인간적이어서 표준화하기 어렵다면, 틀에 박힌 과학적 방법은 그 반대 문제로 고전한다. 과학적 방법의 표준적 기술에는 개성이나 개인적 차이에 대한 여지가 없다. 과학적 방법은 인간의 영광스러운 모험을 기술한다기보다 오히려 잔디 깎는 기계를 작동시키는 일련의 매뉴얼처럼 들린다.

큐비즘은 좀 더 매력적인 관점을 제공한다. 양자역학의 사용자를 개별적으로 그리고 개인적으로 행위의 중심에 놓음으로써 데이비드 머민이 2014년 학술지 〈네이처〉에 썼듯이,[3] "큐비즘은 과학자들을 과학 속으로 되돌렸습니다." 이것은 물리학자로서 내가 나의 참가 없이 수천 년 동안 진화해온 일련의 법칙을 단지 따르기만 하지는 않는다는 것을 의미한다. 그 대신 큐비즘은 나만의 경험과 생각으로 인도된 방식에 따라 독립적으로 연구하고 느끼도록 해준다. 물론 거기에는 나의 저명한 전임자들이 준 정보와 가르침이 있었다. 결국 중요한 것은 나의 개인적인 확률 배정이다. 큐비즘은 그들을 내재화하고 과학을 인간화했다.

큐비즘은 관점의 근본적 변화를 의미한다. 그것은 우주의 기술을 전통적인 톱-다운(일반적→세부적) 관점을 뒤집어 보텀-업(세부적→일반적) 관점으로 바꿔준다. 객체와 주체를 엄격하게 분리하는 기존의 물리학은 보편적 관점에서 세계를 보려고 시도한다. 자연의 법칙은 고정되어 있고 불변이다. 물질 우주는 '거기'에 존재하고, 그들의 법칙에 지배되고 우주를 생각하는 작고 보잘것없는 인간의 영향을 받지 않는다. 시간도 또한 개인의 감정, 신념 그리고 관점에서 분리되었다는 점에서 객관적이다. 비록 상대성이론에 의한 속도와 중력의 영향이 시간 흐름을 복잡하게 만들었지만. 이런 사고방식으로, 비록 신에게 결코 도달할 수 없겠지만, 인간의 이해력은 신성한 지혜의 일부를 잡으려고 열망한다. 다음 네 개 장에서 나는 큐비즘이 이런 세계관을 어떻게 바꾸고 어떻게 더 겸허한 것으로 대체하는지, 일반적인 것에서 특별한 것으로 논쟁하는 대신 특정 개인의 경험에서 어떻게 보편적인 것을 찾으려는지 탐구하겠다.

18장

자연의 법칙들

이것은 인류의 매우 오래된 수수께끼 가운데 하나다. 어떻게 인간 자유 의지의 독립성이 우리가 자연법칙의 엄격한 명령에 적용받는 우주의 일부분이라는 사실과 조화될 수 있을까?

– 막스 플랑크, 『과학은 어디로 가는가?』

자연의 법칙들은 우리가 새로운 행성 또는 새로운 개미 종을 발견하는 것처럼 단순하게 바라본다고 드러나지 않는다. 그들은 제한된 수의 관측과 실험을 기반으로 자유롭게 발명되었다. 플랑크가 어렵게 알게 된 것처럼 그들의 공식은 논리와 수학뿐만 아니라 상상, 직관, 통찰, 그리고 본능을 요구한다. 그런 법칙을 찾아내는 방법은 특별한 것에서 일반적인 것을 추론하는, 인간의 다른 노력들처럼 실수할 수 있는 귀납법을 사용한다.

발견 즉시 기록될 수 있고 다른 사람들과 공유할 수 있는 단순한 관측과 달리, 과학의 새로운 원리는 가설(또는 추측, 리처드 파인만이 투박하게 불렀던 것처럼)로 출발한다. 그러고 나서 '자연의 법칙'이라는 고귀한 지위에 올라가기 전에 시행 기간을 거쳐야 한다. 예를 들어 물리학의 가설들 중 처음으로 법칙이라는 명칭을 얻은 중력에 대한 뉴턴의 공식을 살펴보자. 처음에는 불신당하고 때로는 조롱당하기도 하면서 중력은 과학계와 일반 대중에게 수용되는 데 수십 년이 걸렸다. 연이은 성공적인 설명(바다의 조수, 지구의 적도 부풀음, 일식과 혜성의 예측…)에 의해 확증되면서, 중력은 천천히 신뢰를 얻었고, 확실하고 대중적인 수용을 받게 되었다.

가설이 법칙으로 고착화되고 정당화되는 방식은 아인슈타인, 포돌스키, 로젠의 추론에서는 예측에서 실재 요소로 전환되는 것과 유사하다. 두 경우 모두에서 신뢰는 힘을 얻고 점점 확실성으로 되어간다. 하나의 원리가 한번 '자연의 법칙'이라는 고귀한 지위를 얻게 되면 그의 의미는 변하기 시작하여 '그 법칙'은 일이 일어나는 방식을 기술할 뿐만 아니라 그들을 통제하거나 지배하게 된다. 그것은 '법칙의 지배'라는 말로 세상을 지배하기 시작한다. 또는 역으로 플랑크가 말했듯이 우주는 법칙이 부과하는 엄격한 명령의 지배를 받게 된다.

우리는 인간의 법칙이 어디서 왔고 어떻게 만들어졌는지를 안다. 하지만 자연의 법칙은 어디서 왔을까? 뉴턴과 같은 신자들에게는, 신은 법칙을 정하고 우리는 우리가 알아차릴 수 있는 범위 내에서 신의 마음의 극히 작은 부분을 이해하고 음미하기 위해 배운다. 이런 관점에서 자연의 법칙은 신성한 법칙이고 그것이 전부다. 불행하게도 종교적 설명은 호기심과 발견을 자극하기보다는 논의를 하지 못하도록 하는 경향이 있다.

요즘 나의 대다수 동료뿐만 아니라 플랑크와 같은 고전물리학자들에게 자연의 법칙은 절대적이라는 느낌이 든다. 확실히 말해 우리 모두는 과학 이론이 진화하고 변형되며 수정의 여지가 있다는 사실을 알지만, 틀렸다는 것이 증명되기 전까지 법칙은 절대적인 지배력을 가진 것으로 간주된다. 예를 들어 특수상대성의 법칙들은 모순처럼 들릴지 모르지만 절대적이다. 그들은 한 번도 위배된 적이 없고 보편적으로 유효한 것으로 인정되었다. 그들에서 결정적인 잘못이 발견되지 않는 한 그리고 발견될 때까지 모든 물리이론은 특수상대성을 준수해야 한다. 같은 방식으로 모든 자연의 법칙은 추후 통보가 있을 때까지 절대적으로 유효하다.

자연법칙이 세계를 통제한다는 개념은 과학 교육에 스며들어 있다. 학생이 "아이스하키의 퍽은 스틱으로 치면 왜 멈추지 않고 얼음 위를 계속 미끄러지나요?"라고 질문하면, 선생님은 다음과 같이 대답할 것이다. "운동량 보존의 법칙 때문이야." 그 법칙은 무생물에 명령하는 것으로 믿어진다. 퍽은 자연의 법칙, 즉 전지전능한 주인의 명령을 따를 뿐이다. 교통법규가 운전자들에게 속도 제한을 따르게 하는 것처럼, 이런 의미에서 법칙은 퍽의 운동 상태를 유지하게 하는 '원인'이다. 하지만 퍽에는 자유 의지가 없기 때문에 사물이 '복종하는' 자연법칙은 고속도로의 속도 제한과는 어떤 심오한 방법으로 달라야 한다.

그래서 자연의 법칙의 지위는 무엇일까? 그것은 어디서 왔을까? 누가 그것을 썼을까? 그것은 어디에 있을까? 물질 또는 우주의 시공간에서 암호화되어 있는 것인가? 그것은 어떻게 강요될까? 처음으로 언급되기 이전에도 작동했을까? 만약 우리가 법칙이 어디서 왔는지 모른다면, 뉴턴의 중력 법칙이 기적이었던 것처럼 기적이 아닐까? 자연의 법칙들이 과학이 미치지 못하는 저 위와 저 뒤에 있는 초자연일까?

인생처럼 과학에서도 사물이 어떻게 되는지 배움으로써 많은 것을 알게 된다. 어떤 현상의 역사는 그의 의미에 대한 실마리를 제공한다. 자연의 법칙이 과학자 마음에서 태어나기 때문에, 더 높은 차원에 있는 자연 자체 또 그 너머가 아니라, 우리 과학자들 마음을 살펴보는 것이 자연법칙의 정수를 파악하는 실마리를 제공할 수도 있다.

자연법칙의 지위가 어떠냐는 질문에 대한 큐비즘의 대답은 어떤 종교적 또는 초자연적 설명보다 더 실제적이다. 확률을 미래 경험의 기대치 측정으로 이해하는 베이지언 해석은 자연법칙을 현재의 초월적 지위로 끌어올리는 전통이 그것을 퇴보시키고 있다는 것을 암시한다. 큐비즘은 사물들이 자연의 법칙을 따르기 때문에 그들이 그렇게 행동하는 것이 아니라 사물이 그들이 하는 방식대로 움직이기에 자연의 법칙이 발명되었다는 것을 의미한다.

자연의 법칙들은 따라서 새로운 역할을 한다. 그들은 사건을 결정한다기보다 사건들의 과거 경험을 기술한다. 자연법칙들은 극도로 효율적인 정보의 요약이다. 컴퓨터 과학자들이 '데이터 압축'이라고 부르는 훌륭한 예다. 뉴턴의 중력의 법칙을 구성하는 작은 기호 8개에 담긴 수많은 과학 정보는 상상할 수 없을 정도다(F=GmM/r² 를 이루는 F, =, G, m, M, /, r, ²). 이것은 '2의 제곱근'이라고 간결하게 기술되는 숫자를 무한개의 숫자의 수열로 상상할 수 없는 것과 같다. 정보의 요약으로 간주할 때 '법칙'이라는 말은 부적절해 보인다. 아마도 '규칙'이 그의 의미를 표현하는 데 더 가깝다.('규칙(rule)'이라는 말은 곧은 막대를 의미하는 'regula'에서 나왔다.) 규칙은 위에서 부과된 명령이라기보다는 관찰된 질서로 해석할 수 있다. 비록 그것이 법칙만큼이나 근본적이고 융통성이 없어도 말이다. 예를 들어 일부 전자기 법칙들 중 오른손 규칙이라고 하는 것은 전류가 흐르는 도선 주위 자기장의 방향을 기술한다. 이 규칙은 교통 법규만큼이나 엄격하지만 더 평범한 이름을 갖고 있다.

큐비스트의 세계관에서 자연의 법칙은 점진적으로 신빙성을 얻어가고, 점점 줄어드는 변화의 속도로 더 가까이 확실성에 접근해 간다. 방사성 원자가 붕괴될 확률이 0에서 1로 올라가지만, (그것이 관측되지 않는 한) 결코 거기까지 가지 않는다. 자연의 법칙이 유효할 확률이 0(최초로 추측하기 전에)에서 1로 올라가지만 확실성에 도달하지는 않는다. 크롬웰의 규칙은 확률뿐만 아니라 자연의 법칙에도 적용되어야 한다. 그들의 절대적인 유효성을 완화하는 데 필요한 눈곱만큼 작은 의심을 허락함으로써 우리는 미래에 그들을 업데이트할 수 있는 세밀함과 자질을 더 잘 준비할 것이다.

나는 내 앞 테이블에 정지해 있는 컵이 천장을 향해 자발적으로 떠오르지 않을 것이라고 강력히 확신하지만, 절대적으로 확신한다고 주장하는 것은 경솔하다고 믿는다. 나는 내 확신에 돈을 걸겠지만 그래도 아주 약간의 의심은 남겨둘 것이다. 심지어 고전물리학자들조차 컵 아래의 공기 분자가 풍선처럼 컵을 들어 올릴 수도 있는 아주 낮은 가능성을 상상한다.

큐비즘은 내가 50년 동안 가르쳐온 자연의 법칙을 새로운 견해로 바라보게 해주었다. 이런 법칙은 여러 세대의 물리학자들이 집대성한 경험과 지혜를 표현한다. 하지만 그들은 절대적이지도 견고하지도 않다. 그들은 인간의 창조물이고 따라서 최소한 원론적으론 변화가 가능하다.

자연법칙의 본질에 대한 큐비스트의 해석은 플랑크가 이 장의 첫 부분에서 암시했던 견고한 결정론의 냉혹함에서 우리를 자유롭게 해준다. 그러나 큐비즘은 견고한 결정론의 반대에 대해, 인간 자유 의지의 확률에 대해 무슨 이야기를 할까?

19장

바위가 거꾸로 걷어차다

미국의 이론물리학자 존 아치볼드 휠러(John Archibald Wheeler, 1911~2008)는 핵물리학의 선구자적 업적보다 '블랙홀'이라는 말을 공식적으로 처음 쓴 것으로 더 알려져 있다. 과학계에서 그는 대담하고 상상력이 풍부한 이론가일 뿐만 아니라 학습의욕을 고취하는 선생님으로 남아 있다. 그의 가장 유명한 제자는 미국 물리학의 천재적 악동이었으며 노벨물리학상 수상자인 리처드 파인만이다. 그의 박사학위 논문 지도교수가 휠러다. 40년 후 텍사스대학교에서 휠러는 크리스토퍼 푹스의 학부 연구 지도교수였다. 그는 당시 대부분 사람들이 그다지 관심을 두지 않았던 물리학의 기초 토대 연구를 하도록 격려했다. 푹스는 휠러 교수로부터 양자 정보가 양자역학, 더 나아가 물리학 전체에 대한 더 깊은 이해를 가져다주는 유망한 핵심이 될 수 있음을 배웠다. 그 결과, 휠러는 큐비즘의 대부라고 불릴 수 있게 되었다.

휠러는 매우 중요한 질문(RBQ; Really Big Question)이라는 것을 수수께끼 같고 신탁과 같은 말로 묻는 것을 좋아했다. 그 질문들 중에는 '왜 양자일까(Why the quantum)?' '비트에서 왔나(If from bit)?' 그리고 '참여하는 우주(A participatory universe)?'가 있다.

첫 번째 질문은 막스 플랑크에 대한 것인 만큼 어렵다. 이 책 시작 부분에서 플랑크의 $e=hf$가 양자역학의 아이콘이라고 했다. 그것은 어디서 왔을까? 그 당시 그것은 입증되지 않은 가설이었던 반면 오늘날에는 더 근본적이고 복잡한 양자역학의 원리를 따른다. 그러나 이러한 원리의 간결한 정수는 무엇일까? 아마도 이 RBQ는 실로 심오하거나, 답이 없거나, 아니면 아마도 적절히 표현되지 않았을 것이다.

예를 들어 만약 세계가 본질적으로 양자역학적인데 우리의 고전역학적인 일상 세계에서 그것을 알아차리지 못한다면 그 질문은 바뀔 수도 있다. 만약 양자가 존재 자체만큼이나 설명하기 어렵다면 실제 질문은 왜 고전적일지가 될지도 모른다. 어쨌든 좀 더 소심한 '어떻게'보다 '왜'라고 질문함으로써 휠러는 형이상학에 대한 그의 애호를 표현했다. 존재와 실재의 의미에 대한 철학적 질문은 물리학 교육에서 몇 세기 동안 추방되어왔지만 이제 정당한 지위를 회복해야만 한다고 그는 느꼈다. 푹스는 가장 열정적으로 그 충고를 받아들였다.

두 번째 RBQ, '비트에서 왔나?'는 휠러가 좀 더 적극적으로 물음표 없이 사용했는데, 데이터 압축의 극단적인 예라고 할 수 있다. 세 단어로 휠러의 철학적 유산 전체를 함축하는 이 말은, 정보가 자연을 이해하는 열쇠임을 제시한다. 정보의 원자로 간주되는 비트는 물질 우주를 이해하는 데 심지어 화학 원자보다 더 근본적인 것일까? '비트에서 온 것'이라는 원대한 형이상학적 탐구에서 큐비즘은 금세기의 첫 번째 장이고, 분명히 마지막 장은 아니다.

그의 가장 근본적 질문인 '참여하는 우주?'를 통해서 휠러는 우리가 양자역학에서 배운 교훈을 강조했다. 즉, 실험과 측정은 데모크리토스 시대 이후 고전물리학이 추측해온 것처럼 수동적인 행위, 외부의 독립적으로 존재하는 세계를 조사하는 분리된 관찰자가 아니다. 그 대신 관찰자는 연구 대상과 밀접하게 연관되어 있다. 우리는 단지 정보의 기록자로서 행위를 한다기보다 세계와 상호작용한 결과를 창조해내는 참여자인 행위자다.

큐비즘은 휠러의 질문에 긍정적이고 정교하게 대답한다. 처음부터 양자역학은 '측정'이라고 하는 물리학적 실험에 몰두해왔다. 일반적으로 전자의 스핀 방향과 같은 양자 시스템의 특성을 측정하기 위해 장치가 설치된다. 그리고 측정될 결과의 확률을 예측하기 위해 파동함수를 계산하고, 실험이 행해지고, 실험 데이터는 예측 결과와 비교된다.

많은 물리학자는 오해할 소지가 있는 함축적 의미 때문에 '측정'이라는 말에 반대한다. 이 말은 실험 전부터 존재한 결과치를 의미하는 것처럼 보이며 또 그것이 드러나기를 기다린다는 뜻으로 보인다. 예를 들어 아기 몸무게를 재는 것은 아기가 무게를 가지고 있다는 것을, 그리고 그 무게는 단지 아직 안 알려졌을 뿐이라는 것을 은연중 의미한다. 측정은 베일을 벗겨 그 값이 모두에게 보이게 드러내는 것이다.

그러나 양자역학에서는 '수행되지 않은 실험은 아무런 결과가 없다.' 전자의 스핀은 그것을 결정하기 전까지는 방향이 없다. 스핀을 표현하는 '큐비트'는 파동함수가 '위' 또는 '아래'로 붕괴되기 전까지는 아무런 비트값을 가지지 않는다. 사실, 만약 우리가 숨겨진 스핀값이 있다고 가정하면 GHZ 실험이 극적으로 증명되는 것처럼 오류가 생기게 된다. 그것은 스핀값을 추정하여 알지 못하는 게 문제가 아니다. 잘못된 것은 스핀값이 존재한다는 근본적 가정이다.

큐비즘에 따르면, 측정은 기존의 존재하는 값을 나타내는 것이 아니다. 그 값은 양자 시스템과 행위자 사이의 상호작용으로 만들어진다.

크리스토퍼 푹스는 다음과 같이 설명한다.

> 행위자가 양자 시스템에 접근하고 접촉할 때 — 그가 양자역학적 실험을 할 때 — 그 과정은 그야말로 문자 그대로의 의미로 탄생하게 된다고 큐비즘은 말한다. 그 시스템 안에서 행위자의 행위로 뭔가 새롭고 이전에 없었던 것이 세계로 들어온다. 그것이 행위를 한 행위자에게 예측할 수 없는 바로 그 '결과'다. 우리는 존 휠러의 다음과 같은 말에 따른다. "각각의 기본적 양자현상은 '사실 창조'의 기본적 행위다."[1]

이것이 바로 휠러가 말한 '참여하는 우주?'의 의미다. 살아가고 일을 하면서, 우리는 우주와 상호작용할 뿐만 아니라 계속해서 우주의 창조에 참여한다.

오만한 이야기로 들리지만, 큐비스트들은 정말로 우주를 창조한다고 주장하지 않는다. 양자역학적 실험은, 세상의 전체 뼈대가 아니라, 단지 세계의 구조에서 보이지 않을 만큼 아주 작은 부가물을 만들어낸다. 그들은 무엇이 가능한지를 입증하는 중요한 역할을 한다. 게다가 카오스 이론이 입증한 것처럼 아주 작은 원인이 엄청난 결과(효과)를 만들 수도 있다. ('나비 효과': 멕시코에서 나비가 한 날갯짓이 미국 텍사스에 허리케인을 불러올 수 있다.) 그러나 이런 잠재적 지렛대 효과를 허용하긴 하지만, 우주의 대부분은 분명히 실험 물리학자들의 도움 없이도 존재한다. 어떻게 했는지는 알 수 없지만. 선지자 존 휠러는 다음과 같이 전부를 거는 데 주저하지 않았다.

> 어려운 질문을 하는 것을 피하는 것은 힘든 일이다. 존재의 전부는, 입자들이나 힘의 장들 또는 다차원 기하학에 근거한다기보다 수십억의 수십억 배의 기초적인 양자 현상, 즉 그러한 '관찰자–참여'의 기본적 행위들, 과학의 발전에 의해 우리에게 강요된 모든 존재 중 가장 가볍고 여린 것들 위에 지어졌는가?[2]

'관찰자–참여의 기본적 행위'라는 말은 오해의 소지가 있다. 양자 실험에 참여하는 것과 그들의 결과를 관측하는 것을 통해 물리학자들이 양자 이론을 어떻게 우연히 만났지만, 관련된 기본적 행위들은 물리 실험실에서 측정하는 것보다는 훨씬 더 일상적인 것이다. 장비를 가지고 있는 관찰자를 어떤 커다란 양자 시스템으로 간주한다면, 실험은 본질적으로 두 양자 시스템 사이의 상호작용이고, 따라서 그것은 새로운 사실을 창조한다는 것을 배웠다. 같은 종류의 사실 창조는 두 양자 시스템이 만날 때 일어난다. 휠러에 따르면 그것이 바로 우주 창조의 진화에 대한 메커니즘일지도 모른다.

양자 시스템이 충돌하고 상호작용함으로써 새로운 '그 현지의 사실'이 만들어진다. 휠러는 세 번째 RBQ의 대답을 다음 세대에게 남겨두었다. 푹스와 큐비스트들은 대답을 향한 첫걸음을 떼었다.

양자역학의 큐비스트 해석 옹호자들은 그들의 '실재론'에 대한 견해로 종종 비판받는다. 그들이 파동함수와 확률을 실재하지 않는 것으로 간주하기 때문에 실재 전체를 부정한다고 비난받지만, 이는 근거가 없고 비논리적인 비난이다.

사실 큐비스트들은 실제 세계가 거기에, 우리 자신의 외부에 존재한다고 굳게 믿는다. 하지만 과학자들이 단순히 실재에서 분리된 실재의 기록자라고 주장하는 대신에, 과학자들을 실재의 한 부분이며 또 그것의 구성에 적극적으로 참가하는 참여자로 간주한다. 관찰자 – 참여 행위에서 지배적인 당사자가 없다. 관찰자와 관찰당하는 참여자가 같다. 따라서 잠재적으로 모든 입자는 모든 행위자와 마찬가지로 우주의 창조에 참여한다.

이런 방식으로 이해하면 큐비스트의 우주는 정적인 것이 아니라 역동적이다. 복잡한 시계보다는 진화하는 별의 내부에 좀 더 가까운데, 이것은 전통적 의미에서 살아 있지는 않지만 창조적 에너지와 지속적 놀라움으로 부글거린다. 그것은 실제지만 가면에 가려져 있고, 객관적이지만 예측 불가능하고, 상당히 크지만 완성되지 않았다.

실재론을 부인하는 것과 완전히 다르게 큐비스트들은 실재의 증거가 주로 양자역학 자체에서 온다고 믿는다. 푹스는 이렇게 표현한다. "우리는 바로 우리 자신의 외부 세계를 믿는다. 왜냐하면 우리는 항상 예측할 수 없는 (외부 세계로부터) 발길질을 받고 있기 때문이다." 설명을 위해 그는 다음과 같은 실험을 언급한다. 어떤 행위자는 그의 자유 의지로 정한 특별한 모양으로 양자 시스템을 준비하는 장치를 설치한다. 그는 측정 결과에 의해 나타날 수 있는 다양한 가능성에 대해 주관적 확률을 계산한다.

하지만 그는 그 이상 할 수 있는 게 없다. 그의 장치와 상호작용하는 외부 세계는 마지막에 어떤 일이 실제 일어나는지, 어떤 가능성이 실제로 실현되는지 결정한다. 푹스는 "따라서 나는 이런 양자 측정에서 우리가 가장 기본적인 방법으로 세계의 실재와 접촉했다고 말할 수 있다"라고 결론을 낸다.[3]

존슨 박사는 그와 그의 청중이 바위를 걷어찰 때 어떤 경험을 할지 확실하게 예측할 수 있었기 때문에 그가 물리학적 실재의 본성을 밝히고 있다고 생각했다. 그 바위는 아인슈타인의 '실재 요소'의 한 예다. 그러나 만약 그가 대신 양자 바위를 걷어찬다면, 그는 각각 확률로 일어날 여러 가능성 중 어느 것이 일어날지 예측을 해야만 했을 것이다.

실제로 어떤 일이 일어날지의 선택은 자유 의지를 가진 그 자신에 의해서도 아니고, 자연의 법칙을 엄격하게 따르는 바위에 따라서도 아닌, 충돌과정에서 그 둘 모두로 이루어진다. 푹스에 따르면 양자 실험에서 무슨 일이 일어날지 확신을 가지고 예측을 할 수 없다는 것은 고전 역학보다 세계의 진짜 본성을 더 많이 보여주는 것이다. 이런 우리의 실제 양자역학적 세계에서는 관찰자가 참여하고 바위가 반대로 관찰자를 걷어찬다!

20장

'지금이야!'의 문제

열한 살 때 나는 시간을 멈추게 만들었다. 비록 내가 멈출 수 없는 시간의 흐름에 당황하고 놀랐지만 나는 시간을 완전히 멈추게 할 수 없다는 사실을 받아들였다. 하지만 최소한 '한'순간은 멈출 수 있게 해서 영원히 고정된 채 남아 있는 일종의 참고점으로 삼을 수 있을까?

그것을 분명하게 표현할 수는 없지만 더 먼 과거의 기억은 더 흐려진다는 것을 나는 아마도 경험으로부터 알고 있었던 것 같다. 그래서 비록 내가 과거의 고정된 한 점을 선택했다 하더라도 그것은 금세 흐려지고 사라져버릴 것이다. 확실히 잊지 않게 하기 위해 나는 과거가 아니라 미래의 독특한 한 시점을 찍어서, 핀에 고정된 나비 표본처럼 고정하기로 했다.

나는 극도로 잘 관찰하고 그 문맥을 충분히 이해함으로써 그 순간을 철저히 준비해야 한다는 것을 알고 있었다. 스위스 바젤에 있는 할아버지 댁에서 취리히에 있는 우리 집으로 돌아오는 나 홀로 하는 기차 여행이 그러한 기회를 제공했다. 나는 바젤을 떠난 직후 기차가 오른쪽 창밖 숲속의 공터에 있는 작고 예쁜 성을 지난다는 사실을 알았다. 노란 벽돌담이 있고 황토색 톱니 모양의 테두리가 있는 동화 같은 그 성을 감상하는 것을 좋아했다.

문제의 그날, 나는 내 주위를 내가 할 수 있는 한 가장 자세하게 조사하고 기억하면서 나 스스로를 준비했다. 거의 70년이 지난 오늘날에도 그 느낌이 여전히 내 기억에 선명하게 새겨져 있다. 휴대전화가 여전히 먼 미래의 것이었고 카메라도 없었지만, 내 기억은 생생하다. 그날은 따뜻한 가을의 늦은 오후였고, 객실은 거의 비어 있었으며, 낡은 나무의자는 딱딱하고 불편했다. 바퀴에서 나는 편안하게 느껴지는 딸깍거리는 소리는 너무 익숙했기 때문에, 내가 그 임무에 집중하지 않았다면 나는 아마 잠들고 말았을 것이다. 기차가 빈터 쪽으로 나왔을 때 성이 철로에 아주 가까이 나타났다. 나는 아이로서 할 수 있는 만큼 최대한 열심히 집중했고, 성을 지나가는 순간 "지금이야!"라고 소리쳤다. 승객들이 놀랐을지도 모르겠다. 나는 순간을 포착했다. 나는 시간을 멈추게 했다.

여러 해가 지난 뒤 그 건물이 펠트슐뢰센 양조장의 일부라는 것을 알았으며 맥주의 상표에 등장하는 것을 보고 약간 실망했다.

내 인생에서 기억할 수 있는 모든 순간 중에서, 시간을 멈추기 위해 의도적으로 선택한 다른 특이점은 없었다. 가끔 시간에 대해 강의할 때, 나는 펠트슐뢰센 이야기를 하며 수강생들과 그 실험에 대한 레크리에이션을 하곤 했다. 우리는 무엇을 할지, 어떻게 할지 먼저 이야기한다. 그것이 다가오는 것을 거의 물리적으로 느낄 수 있는 그 순간을 잔뜩 기대하고 기다리는 동안, 그것은 마치 어떤 표현하기 어려운 종류의 운동으로 우리를 향해 조금씩 조금씩 더 가까이 온다. 마침내 우리는 10부터 1까지 세고 동시에 "지금이야!"라고 외친다. 나중에 우리는 그 순간을 다시 이야기하고 실제의 그 순간과 그 순간에 대한 빠르게 희미해지는 기억 사이의 유사성과 차별성을 기술하려고 노력한다. 내 학생들은 그 연습을 좋아했지만 이 나중의 '지금이야'는 본래의 것에 비해 계획성과 참신성이 떨어졌다. 내 기억 속에서 이 연습은 포커스를 잃어 희미해져 갔다. 하지만 그로부터 10년이 지난 후 그 경험을 기억하는 학생을 우연히 만난 것은 기쁜 일이었다.

시간을 이야기할 때 어려운 점은 그것이 존재하지 않는다는 것이다. 과거는 지나가고 기억과 기록으로 된 흔적만 남는다. 미래는 아직 오지 않는다. 만약 어떤 입자의 공간과 시간을 통한 여정이 시공간에서 꼬불꼬불한 선으로 그려진다면, 과거와 미래가 만나는 곳, 즉 현재는 단지 그 선상의 한 점이다. 공간의 한 점에 크기가 없듯이, 시간의 한 점에는 지속 기간이 없다. 그것은 수학적인 이상화이고, 추상적이고 개념적이다. 그럼에도 불구하고, 현재는 우리가 시간에 대해 가지는 유일한 직접적 경험이다.

우리가 과거를 생각할 때는 기억장치를 더듬고 있다. 우리가 미래를 생각할 때는 아직 오지 않은 어떤 것을 예상하고 있다는 것을 깨닫게 된다. 하지만 현재는 우리와 함께 여기에 있다. 우리는 그것을 뼛속으로 느끼고 우리가 바로 그 안에 있기 때문에 그것이 무엇인지 정확하게 알 수 있다. 사실, 불교의 가르침뿐만 아니라 현대 심리학적 지식에 따르면, 현재 상태에 온전히 있는 것은 정신적이고 영적인 행복을 추구하는 비결이다. '지금이야'의 거대한 심리학적 중요성은 현재를 한 점으로 표시하는 것이 터무니없이 부적절하게 만든다.

펠트슐뢰센 언덕 너머 거의 32㎞ 떨어져 있는 아라우에서 학교를 다닌 아인슈타인은 '지금이야!'에 대해 고민했다. 이는 그가 그 문제를 더욱 어렵게 했기 때문이기도 하다. 우주 어느 곳에서나 모두 같은 뉴턴의 절대 시간을 거부하고 관찰자의 운동과 중력에 따라 달라지는 상대 시간으로 대체함으로써 그는 '지금이야!'의 의미를 정확히 정하는 데 혼란스러워했다. 그러나 그의 생각은 더욱 근본적이었다. 철학자 루돌프 카르나프[1]는 그와의 대화에서 아인슈타인이 해준 설명을 상기했다. "'지금이야!' 경험은 인간에게 특별한 어떤 것이고, 과거와 미래와는 근본적으로 다른 그 어떤 것을 의미하지만, 이 중요한 차이는 물리학에서 일어나지도 않고 일어날 수도 없다. 이런 경험이 과학으로 파악될 수 없다는 것은 그에게는 고통스러운 일이지만 어쩔 수 없는 체념이었다."[2]

코넬대학교 물리학자 데이비드 머민은 비록 과거, 현재, 미래 사이의 구분은 양자역학의 해석과는 좀 동떨어졌지만, 큐비즘은 '지금이야!' 문제에 설득력 있는 해결책을 제시해준다는 것을 깨달았다. 물리학의 내용이 행위자의 미래 경험에 대한—0과 1로 접근할 수 있는 값을 가지고 행해지는—각자의 확률 추정으로 이해된다면, 다른 모든 경험처럼 '지금이야!'는 각 행위자에게 고유하다. 만약 나 자신을 시공간의 한 점으로 그린다면, 내가 내 일을 하는 동안의 나의 위치와 시계를 나타내는 꼬불꼬불한 선을 그릴 수 있다. 기억과 내 주위에 대한 기록이 행해지는 내 시계에 나타난 그 시간이 '지금이야!'라고 불리는 진행하는 그 순간이다. 끝 점이 시간의 흐름에 따라 중단 없이 나아가는 그 선은 나의 과거와 나의 미래를 나타내는 두 부분으로 나뉠 것이고, 나의 '지금이야!'에서 만난다. 이 그림(내 위치를 선으로 그린 그림)과 그 해석은 물리학에도 완벽하게 만족할 만한 것이다.

큐비즘은 그 이야기에서 두 가지 새로운 통찰력을 가져다준다. 아인슈타인과 같은 고전물리학자들이 과학의 영역이 아니라고 생각했던 인간 경험을 구체적으로 말하며, 또 지도가 영토가 아니라는 것을 상기해준다. 비록 행위자인 내가 내 몸을 한 점으로 나타내더라도 나는 내가 점이 아니라는 것을 아주 잘 안다. 나의 '지금이야!'도 한 점이 아니다. 내가 이 글자를 타이핑하는 이 '지금'을 생생하게 경험하지만, 당신이 이것을 읽을 때쯤이면 그것은 사라진 지 오래다. 전자가 '큐비트'가 아닌 것처럼, 내 몸과 내 '지금이야!'는 점이 아니다.

위그너와 그의 친구들이 전자의 스핀을 측정했던 경험을 나눈 것처럼 '지금이야!' 경험은 비록 그것이 사적이긴 하지만 나눌 수 있다고 머민은 설명한다. 물리학이 국소적이기 때문에 경험을 나누는 행위자들은 아주 가까운 곳에 있어야 하고, 두 행위자가 신호를 교환하는 데 걸리는 시간이 무시할 정도로 짧아야 한다. 이런 경우 상대성이론의 동시성에 얽힌 문제가 아예 일어나지 않는다. 같은 장소에 있는 두 관찰자의 '지금이야!'는 그들이 함께 있는 한 서로 일치한다. 그래서 아내와 내가 저녁에 와인을 한잔 나눌 때, 우리는 같은 '지금이야!'를 경험한다. 그리고 내가 교실에서 학생들과 같이 '지금이야!'라고 소리쳤을 때 그 순간 우리는 모두 같은 '지금이야'에 있었다. 하지만 내 학생들이 멀리 떨어진 곳으로 흩어졌을 때, 우리의 '지금이야!'는 서로 다른 경험으로 분리되어 공유할 것이 아무것도 없게 되었다.

여느 때와 마찬가지로 아인슈타인은 그의 시대를 앞서 있었다. 그는 '지금이야!'를 다룰 수 없는 물리학에 좌절감을 표현하면서 미래 세대에 대한 심오한 주제에 관심을 보였다. '지금이야!'의 의미에 대한 머민의 태도는 직접적이고 확실하지만, 그것은 미묘하고 풍부한 현상의 가장 단순한 근사치만 나타낸다. 이 문장 끝에 있는 마침표를 충분히 확대해보면 상호작용하는 입자들의 충만한 세계가 보이는 것처럼, 나의 '지금이야!'는 가까이에서 살펴보면 놀라울 정도로 복잡하고 의미 있는 현상이다. 물리학이 그것에 대한 이해에 기여하기 전에, 양자 수준보다는 오히려 고전 수준에서 세포와 전류를 다루는 신경과학이 끼어들어야 한다.

그게 뭐든 간에 나의 '지금이야!'는 그것이 내포되어 있는 문맥이 많은 부분을 결정하는 경험이다. 많은 것이 내 눈앞의 물리적 환경, 즉 나의 '여기'에 관련 있는데, 예를 들어 내 어릴 적 실험에서 화물 철도와 창문 밖 경치와 같은 것이다. 그 무대 세트의 일부는 내 눈으로 내 의식에 직접 들어왔지만, 그중 대부분은 내 뒤, 위, 아래, 보이지 않는 곳에 대한 즉각적인 기억 속에 저장되었다. 시각적 세

팅 외에도 그 '지금이야!' 이전에 경험했던 소리, 냄새 그리고 감정들이 있다.

가장 흥미로운 것은 바로 다음에 일어날 경험에 대한 기대감이 '지금이야!'에 영향을 미친다는 사실을 깨달은 것이다. 우리가 현재라고 하는 이 시간상의 그 점을 둘러싼 흐릿한 퍼짐은 기억을 통한 뒤로뿐만 아니라 앞으로 약간 나아가는 것도 포함한다. 뇌는 흔히 믿는 것처럼 단지 반응을 하는 기관이 아니다. 그것은 또한 많은 부분 예측을 하는 기관이다. 무의식적으로 우리 마음은 천문학적 숫자의 다음에 일어날 성싶은 일에 대한 예측을 끊임없이 만들어낸다. 커피 잔에 손을 뻗는 것처럼 아주 단순한 행위조차 내 손과 팔에 있는 50여 개의 서로 다른 근육을 빠르고 (랜덤이 아닌) 지능적으로 조절하는데, 이는 상상을 초월할 정도로 복잡한 계산이다. 이런 계산이 없으면 손은 컵을 놓치게 될 것이다. 이런 조용하고 부산한 행위는 우리가 세계에서 살아갈 수 있게 해준다.[3] 이것이 '지금이야!'의 숨겨진 부분이다.

베이지언 방법은 인간의 운동 조절을 기술하는 가장 자연스러운 방식을 제공한다. 과거의 경험은 특정한 전기 자극에 우리 몸의 세포들이 어떻게 반응할지에 대한 사전 확률을 제공하고, 실제 감각의 입력치(물리학 용어로 측정치)가 베이즈 법칙을 통해 그 사전 확률을 업데이트한다. 업데이트된 확률은 다시 근육을 조절하는 다음 신경 자극들을 안내한다.

만약 이런 인간의 인식 모델이 성공적으로 밝혀진다면 '지금이야!'의 미시적 시험은 큐비스트의 세계관에 꼭 들어맞을 것이다. 진화는 기대한 과학을 발견할 것이다. 그리고 결국 현재라는 순간을 물리학의 틀에 포함시키고자 했던 아인슈타인의 꿈은 그가 상상하지 못했던 방식으로 실현될 것이다.

21장

완벽한 지도?

『이상한 나라의 앨리스』를 쓴 루이스 캐럴은 마지막 소설에서 이상적인 지도를 다음과 같이 기술했다.

> 그리고 나서 가장 위대한 아이디어가 떠올랐다! 우리는 실제로 그 나라의 지도를 1마일을 1마일의 축척으로 만들었다! 하지만 그 커다란 크기 때문에 문제가 되었다. 그것은 아직 한 번도 완전히 펼쳐지지 못했다. 농부들이 반대하길, 그 지도가 나라 전체를 덮고 햇빛을 막을 것이다! 그래서 이제 우리는 나라 자체를 지도로 사용한다. 그리고 나는 당신에게 그것이 제 역할을 잘할 것이라고 보장한다.[1]

물리학자들은 더 정교하다. 뉴턴 시대 이래로 완벽한 지도에 비유되는, 완벽한 수학적 모델을 가지는 것이 물리학의 최종 목표였다. 지도가 영토가 아니라는 인식과 데이터를 압축하는 데 수학의 탁월한 능력을 활용한다면, 물리학자들의 완벽한 지도는 루이스 캐럴이 말한 지도 같은 것이 아니라 다음과 같은 의미의 1:1 지도가 되어야 한다. 물리 세계의 모든 것은 하나도 남기지 않고 지도상에 대응할 수 있어야 하고, 지도의 모든 요소는 또한 실제 세계의 한 부분을 나타내야 한다. 예를 들어 물질이 원자와 빈 공간으로 구성되어 있다는 원자 가설은 그 완벽한 지도의 한 부분이었고, 그것은 뉴턴의 중력 법칙도 마찬가지였다.

완벽한 지도는 신의 세계관을 묘사한다. 만약 인간이 그것을 이해한다면, 우리는 신의 마음을 알게 될 것이다. 완벽한 지도는 고전물리학조차도 성취할 수 없는 어려운 목표다. 입자의 위치를 무한한 정밀도로 기록하는 것은 불가능할 뿐만 아니라 20세기 후반 컴퓨터의 발달로 박차가 가해진 혼돈 시스템 연구가 더더욱 어려운 문제임을 보인다. 대부분의 물리학적 시스템에서, 우리가 그 시스템을 나타내는 좌표들을 아주 작은 오차를 가지고 잘 고정했다 하더라도, 그 시스템에 대한 우리의 수학적 예측과 실제 모습 사이의 차이는 수용할 수 없을 수준까지 급격하게 커진다는 것이 밝혀졌다. 다른 말로 하면, 현실적인 시스템의 먼 미래를 예측하는 것은 가능하지 않다.

고전물리학에서 완벽한 지도는 실질적 문제로 성취 불가능하지만 여전히 이론적 생각으로는 가능하다. 비록 우리가 할 수 없다 하더라도 신은 높은 곳에서 완벽한 지도에 해당하는 그런 식으로 세상을 볼 것이고, 우리는 그의 관점에 접근하려고 노력할 수 있다. 하지만 본질적 무작위성과 베이지언 확률을 가지고 있는 큐비즘은 우리가 신의 마음을 알 수 있을지도 모른다는 희망을 버리게 한다.

양자역학은, 실험적으로 입증된 바와 같이, 절대적 확실성을 가진 예측을 할 수 없다는 것을 받아들이도록 강요한다. 그리고 큐비즘은, 양자역학의 합리적 해석을 제공하는 범위까지 본다면, 과학이 궁극적 실재에 대한 것이 아니라 우리가 합리적으로 예상할 수 있는 것에 대한 것이라는 사실을 의미한다. 아인슈타인을 포함한 많은 과학자에게 완벽한 지도의 탐구를 포기한 것은 우울한 패배의 인정이었지만, 9장에서 만난 마커스 애플비는 그 문제에 대해 훨씬 더 낙관적인 관점을 가지고 있다.[2]

먼저, 그는 물질세계뿐만 아니라 (생화학과 신경과학을 통해) 생명과학의 근본을, 이해를 도와준 양자역학의 엄청난 성공에 대해 큐비즘이 아무런 손상을 입히지 않는다는 것을 지적한다. 합리적으로 예상할 수 있는 게 뭔지 또 얼마나 확고하게 예상할 수 있는지 아는 것은 세계를 이해하고 컨트롤하는 것과 진배없다.

애플비의 두 번째 지적은 물리학을 인간의 사고와 감정에 좀 더 가까이 가져다놓음으로써 의식에 대한 오래된 수수께끼인 마음과 뇌 사이 관계의 문제를 푸는 데 원시 큐비즘이 유물론보다 더 좋은 기회를 준다는 것이다. 그는 현재 그것이 단지 하나의 희망일 뿐이라는 것을 인정한다. 하지만 애플비의 결론은 유쾌하고도 놀랍다.

> "신의 마음을 안다"라는 야망은 현실적이지 않다. 하지만 나는 그것보다 더 나아갈 것이다. 나는 신의 마음을 안다는 것이 매

> 력적인 것인지 묻는다. 실제로 우주 전체를 이해할 수 있다고 가정해보자. 이것은 좀 경련을 불러오지 않는가? 만약 우주 전체를 실제로 이해할 수 있다면 그것은 우주가 우리처럼 한정되어 있다는 것을 의미한다. 그런 우주에서 사는 것은 겨우 15㎝ 깊이의 물에서 헤엄치려고 노력하는 것과 같다. 내 생각으로는, 내가 완전히 이해할 수 있는 우주에 속하고 싶지 않다. 신의 마음을 알고자 하는 물리학의 이런 시각에 반대해서 나는 다른 것을 설정한다. 물리학은 우리보다 훨씬 더 깊은, 아마도 무한히 깊은 물속에서 하는 수영이어야 한다고.[3]

만약 애플비와 반대로 완벽한 지도를 찾을 수 없다는 것을 계속 안타까워한다면, 루이스 캐럴의 조언을 듣고 편안해질 수 있을 것이다. "우리 길을 찾는 데 영토 자체가 (지도만큼) 도움을 줄 것입니다." 큐비즘은 방법을 제시한다. 그 영토 즉 외부 세계에 대한 우리 경험은 우리가 다음 모퉁이에서 합리적인 생각으로 무엇을 찾을 수 있을지 알아내는 데 필요한 단서를 제공한다. 더 필요한 사람은 누구일까?

22장

우리 앞에 놓인 길

1965년 노벨상 수상 강연에서 리처드 파인만은 전자와 광자의 기본 이론인 양자전기동력학(QED)을 탐구하는 것을 막다른 골목, 우회, 잘못된 길 등 실제 여행과 관련해 설명했다.[1] 이 탐구 과정에서 그는 최종 결과와 논리적으로 동등하지만, 이론을 다른 수학 공식을 사용하여 표현하는 것이 가치 있다는 것을 배웠다. 예를 들면 그는 양자역학을 파동함수 또는 행렬로 표현할 수 있음을 알았지만, 그는 고전역학적 궤도의 앙상블(무리 혹은 집단)에 기초한 세 번째 방법을 개발했다. 겉보기에는 처음 두 개 중 어느 것도 닮지 않았다. 심지어 고색창연한 전기와 자기에 대한 19세기 고전 이론도 파인만에 의해 급진적으로 개선되었다.

같은 것을 다른 말로 표현하는 이유는 더 깊이 이해하기 위한 것이다. 가르치는 일을 하면서 나는 같은 말을 되풀이하는 것이 어려운 주제에 대한 '설명'을 고통스럽고 무모하게 한다는 것을 배웠다. 똑같이 중요한 의미를 표현하는 새로운 문구와 새로운 수학적 틀은 필연적으로 새로운 암시나 생각, 또 새로운 함축을 가져다주고, 이해도를 높인다. 따라서 파인만이 전기역학과 양자역학을 결합하는 기념비적인 일을 했을 때, 그의 수학적 도구는 두 이론의 표준적인 것들뿐만 아니라 각각의 여러 변종도 포함한 것이었다.

파인만은, 파인만이기 때문에 더 깊이 파고들었다. 이런 다양한 재구성의 의미는 무엇일까? 그는 이렇게 말했다. "내가 항상 이상하다고 느낀 것은, 물리학의 기본적 법칙은, 발견될 당시에, 첫눈에는 동일하게 보이지 않지만 약간의 수학적 조작으로 그 관계를 알 수 있는, 수없이 많은 다른 형태로 나타날 수 있다는 것입니다. 왜 그런지는 나도 잘 모릅니다. 아직도 수수께끼로 남아 있지만 그것은 경험으로 배운 것입니다."

그리고 당연하게도 파인만은 노벨상 강연에서 그 대답을 제안했다. "자연이 이러한 호기심 많은 형태들을 선택한다는 것이 무엇을 의미하는지는 모르지만, 그것이 단순성을 정의하는 하나의 방법일지도 모릅니다. 아마도 여러분이 똑같은 사물을 묘사한다는 것을 즉시 알아차리기 힘든 여러 다른 방법으로 그것을 완전히 설명할 수 있다면 그 사물은 단순한 것일 겁니다."

그렇다면 양자역학의 복잡하고 멋진 이론에 생기를 불어넣는 이 단순한 사물은 무엇일까? 존 휠러가 말한 것처럼, "왜 양자일까?" 큐비즘은 아직은 그 질문에 대답하지 않았다. 이 책의 부록에 열거한 양자역학에 대한 여러 해석처럼 큐비즘은 기존 이론을 새롭게 해석한 것이지 파인만의 의미에서 재구성한 것은 아니다. 큐비즘은 중요하고 강력하며 영구적인 철학적 결과를 가져오지만, 실험과 이론을 비교할 수 있게 하는 양자역학의 실제 기술적 내용에는 영향을 미치지 않는다. 그것에 들어가는 개념들의 의미, 특히 확률의 의미가 큐비즘으로 바뀌었다. 지금까지 부족했던 부분은 오래된 이론의 완전히 새로운 버전이다.

그러나 이것은 아직 초기 단계다. 새로운 과학적 아이디어의 매우 중요한 속성 중 하나는 신선한 아이디어와 질문을 부추겨 더 나은 연구를 이끌어내는 '체험적(heuristic)'이라는 것이다. '체험적'이라는 말이 그리스어 '발견'에서 왔듯이, 체험적 아이디어는 새로운 발견에 박차를 가하게 한다. 아인슈타인은 에너지 $e=hf$ 와 함께 광자를 도입했던 그 유명한 1905년 논문 제목에서 자신의 제안을 체험적이라고 묘사했다.[2] 20세기 물리학의 역사는 이런 양자가설이 얼마나 선견지명이었는지 증명했다. 큐비즘 역시 양자역학의 진정한 의미를 찾는 데 체험적 역할을 할 것이라는 가망성을 보여준다.

큐비즘은 다음과 같은 질문을 제기한다. 왜 파동함수인가? 그렇게나 많은 논쟁을 불러일으키고 확률을 제공하기 전에 결국 붕괴해야 하는, 그런 추상적인 수학 장치가 정말 필요할까? 흐릿한 상태이며 허수 성분을 가지고 있는 파동함수를 대신해 확률, 즉 0과 1 사이의 실수로 양자역학을 직접 표현할 수는 없을까? 만약 그것이 가능하다면 파동함수라고 하는 기묘한 지도는 과학사의 다락 한구석에 처박히게 될 것이다.

사실 그것은 가능하다. 비록 파동함수가 직관적인 고전역학적 파동에 의해 도입되었고 따라서 중첩 현상을 잘 설명할 수 있다 하더라도 파동함수가 중첩 현상을 설명하는 '유일한' 방법이라는 증거는 없다. 쟁점은 이론을 다른 용어로 쓸 수 있는 가능성이 아니라 단순성의 질문이다. 파동함수의 수학적 이론을 확률의 언어로 번역하는 방식에는 근본적 원칙이 없다. 그 번역이 현명하게 이루어지지 않는 한 그 결과는 엄청나게 복잡하고 보기 흉한 이론이 될 것이다. 그렇다면 별로 물리학적으로 얻는 게 없다. 그것은 태양계를 우아하고 추상적인 케플러의 타원이 아니라 측정된 행성들의 좌표를 어설프게 늘어놓은 것과 같아질 것이다. 이것은 한 걸음 뒤로 물러나는 것이다.

하지만 큐비스트들은 대담하게도 파동함수가 아닌 확률로 양자 규칙을 기술하는 프로그램을 추구한다. 이런 수학적 연습 과정에서 그들은 실험적으로 측정할 수 있는 모든 확률을 기본적이며 더 원시적인 '표준' 확률의 합으로 해부해서 분석하는 우아하고 다양한 방법을 알게 되었다.(그 과정은 수학의 역사에서 중요한 역할을 한, 모든 정수를 소수들의 유일한 곱으로 나타낼 수 있다는 유클리드의 '산술의 기본 정리'를 상기시킨다.) 최근에 그러한 표준 양자 측정이 실제로 실험실에서 수행되었으며, 큐비스트들이 주장한 것처럼 단순하고 유용한 것으로 나타났다.[3]

실제 양자 확률과 표준 양자 확률을 관련짓는 공식의 시각적 모습은 놀라웠다. 그것은 몇 가지 방법으로 실현할 수 있는 결과의 총확률을 구하는 기존의 고전적 확률의 기본 원리에 대한 방정식과 거의 같다. 예를 들어 동전 던지기의 경우, 앞면이 나올 확률과 뒷면이 나올 확률을 더하면 1($\frac{1}{2}+\frac{1}{2}=1$)이 되는데, 이것은 두 가지 경우만 존재하며 이 둘 중 하나는 꼭 일어난다는 사실을 반영한 것이다. 이것은 '전체 확률의 법칙'이라고 하는 고전 확률론의 한 간단한 경우이다. 우리는 이를 암에 걸릴 가능성에 대해 베이지언 계산에서, 암 검진에서 양성 반응을 얻을 확률 $p(+)$를 진실 양성 확률과 거짓 양성 확률의 합으로 표현했을 때 암묵적으로 사용했다.

양자이론에서 이 법칙은 고전적 형태로 유지되지 않는다. 예를 들면 파인만의 아름다운 실험에서, 두 슬릿이 모두 열려 있을 때 특정 지점에서 전자를 발견할 확률이 한쪽 슬릿 또는 다른 쪽 슬릿이 막혀 있을 때 확률들의 합과 같지 않다.[4] 양자 확률은 더해지지 않는다. 그들은 간섭이 일어나고 심지어 소멸될 수도 있다. 이 점은 너무 근본적이어서 파인만은 양자역학의 '유일한' 수수께끼로 이중 슬릿 실험을 선택했다.

따라서 큐비스트의 '총확률의 양자 법칙'이라고 하는 새로 유도된 방정식이 대응되는 고전법칙에서 벗어난 것은 놀라움이 아니라 안도감을 주었다. 그러나 두 방정식은 감질나게 유사하며, 단 하나의 작은 추가적인 항을 가지는데, 이 항의 기원은 근본적으로 양자역학적이다. 그리고 이 항은, 일부 사람들이 할 만한 추측과는 다르게, 플랑크의 상수 h와 관련이 없다. 어떤 의미에서 그 추가 항은 플랑크 상수보다 더 근본적인 것이다.

작은 양자의 기원을 가진 차이가 실제로 무엇인지 밝혀지기 전 나는 한 가지를 빠뜨린 죄를 고백하고자 한다. 인생에서와 같이 과학에서도 예상하지 못한 걸림돌을 만나게 된다. 내가 기술해왔던 방정식은 하나의 성가신, 순수 수학적 세부 사항을 제외하고는 증명되었는데, 이 세부사항이 발전을 지연시키고 있다. 그 기술적인 문제는 수학자와 수리물리학자의 작은 국제 모임의 관심을 끌었는데, 그 해답을 추측하기는 쉽지만 증명하기는 쉽지 않다. 10여 년의 노력에도 아직 풀리지 않았지만, 그 과정에서 순수한 수학에서 예상하지 못한 아름다운 연관성을 보여주었다. 수학자 존 야드는 심지어 1900년 데이비드 힐베르트가 제기한 유명한 23가지 난제 중 하나와 관련이 있다고 추측했다.(그 유명한 난제들을 해결하기 위해 수학자들은 끊임없이 도전했고, 세월이 흐르는 동안 원래 개수에서 반으로 줄이는 데 성공했다.) 만약 그 추측이 확인되고 힐베르트 문제를 푸는 데 도움이 된다면 큐비즘은 자신의 체험적 힘을 다시 한번 입증할 테고, 수학자들과 물리학자들 모두에게 더 큰 존경심을 받게 될 것이다.[5]

총확률로 돌아가 보자. 그 법칙의 양자 버전과 고전 버전을 구별하는 항(項)은 논의 중인 시스템의 '양자 차원'이라고 부르는 정수로 밝혀졌으며 문자 '*d*'로 표시된다. 양자 차원은 공간 또는 시간과 관련이 없고, 양자 시스템이 점유할 수 있는 상태의 수와 관련이 있다. 이것은 파동함수가 작용하는 그 추상적인 공간의 차원이며, 파동함수를 행렬로 표현할 때 행렬 한 변의 크기이다. 예를 들어 큐비트의 양자 차원은 2인데, 이는 큐비트 볼이 2차원 표면을 가지고 있다는 사실을 반영한다. GHZ의 3개 전자 시스템의 경우 d=8이고, 다른 시스템의 경우 d는 무한대까지 커질 수 있다.

양자 차원은 모든 시스템의 본질적이고 더 이상 쪼개거나 단순화할 수 없는 양자역학적 본성을 특징짓는 속성이다. 플랑크 상수보다 더 근본적으로 양자 차원은 고전역학적 행동으로부터의 분리를 뜻한다. 크리스토퍼 푹스는 양자 차원의 중요성을 물체의 관성과 중력을 특징짓는 질량의 중요성과 비교한다. 양자 차원은 모든 양자역학적 계산에 내재되었지만 총확률의 양자 법칙에서와 같이 명시적으로는 거의 나타나지 않는다. 양자 차원은, 중력에 의한 시공간의 왜곡처럼, 인간이 지각하기 어려운 물질세계의 자연스러운 속성이다.

만약 비어 있는 그 수학적 증명이 발견된다면, 큐비스트들은 강력한 새로운 도구를 손에 쥐게 될 것이다. 양자 차원의 실제적 의미에 살을 붙이는 것은 왜 양자일까라고 묻는 질문의 답을 향해 나아가는 커다란 단계가 될 것이다. 동시에 총확률의 양자 법칙은 파동함수가 없는 양자역학의 완전히 새로운 공식의 기초가 될 수 있다. 파인만이 지적했듯이 이는 우리의 이해를 더 깊게 할 것이다. 그것은 확실히 푹스의 희망이다. 특히 그는 총확률의 양자 법칙이 양자이론의 주요 공리로 자리 잡기를 원한다.

마커스 애플비는 이런 기술의 발전보다 훨씬 더 추측적인 제안을 했다. 그 속성상 큐비즘이 인간의 자기 인식, 자유 의지, 정신과 육체의 관계와 관련된 아주 오래되고 복잡한 문제를 풀기 위해 필요한 심리학과 물리학 사이에 다리를 제공할 거라고 제안한 것이다. 적어도 큐비즘은 데모크리토스의 마법에서 해방시켜준다. 데모크리토스의 마법은 우리 생각과 감정과 인식에서 분리된, 우리 외부에 존재하는 완전히 객관적인 용어로 우리가 세계를 진정으로 이해할 수 있는 다소 오해할 소지가 있는 가정을 말한다. 그 첫 번째 해방 단계가 없다면 데모크리토스의 저주("불쌍한 마음… 당신의 승리는 당신 자신의 몰락입니다")가 우리에게 계속 나타날 것이다.

그러나 우리는 참을성이 있어야 한다. 그리스의 원자 개념에서 오늘날 실제 원자의 주사 터널링 현미경(STM)까지 2,000년 이상이 지난 것을 기억해보라.

애플비는 과학의 역사에서 다음 단계가 도래한다는 것을 낙관적으로 보는 것 같다. 물리학과 심리학을 결합시켜 정신물리학을 완성하는 프로젝트는 달성하는 데 수백 년은 걸릴 것이라고 나에게 말했다. 숨 막힐 정도로 빠르게 발전하는 오늘날의 과학의 발전을 보면 그것은 패배를 인정하는 것처럼 들리지만 마커스는 수학자이고 기다리는 데 익숙했다. 예를 들어 페르마의 마지막 정리는 357년 동안 수많은 실패를 거듭한 뒤 1994년에 증명되었다. 애플비가 그랬듯이 큐비즘의 약속을 긴 안목에서 보는 것은 물리학자보다 수학자나 철학자에게 더 자연스럽게 다가온다.

원조 큐비스트 세 사람 가운데 하나인 뤼디거 샤크[6]는 더 많은 자신감을 가지고 있고, 2014년 한 인터뷰에서 이렇게 말했다. "하나의 예측을 하겠습니다. 앞으로 25년 동안 새로운 세대의 과학자들이 큐비스트의 아이디어에 노출되게 되면, 큐비즘은 당연한 것으로 받아들여지고 양자 기반의 문제는 사라질 것입니다."[7]

그동안 무엇을 할까? 막스 플랑크의 다음과 같은 유명한 말을 샤크가 반복했다. "새로운 과학의 진리는 상대방을 설득해 빛을 보게 하여 승리하는 것이 아니라, 오히려 상대방이 결국 죽어서 그것에 처음부터 익숙한 새로운 세대가 자라나는 것입니다."[8] 이 평가는 과학사의 실제 과정에 대한 설명으로는 지나치게 단순할 수 있지만, 세계에 새로운 패러다임을 소개하려고 노력하는 사람들에게 하는 충고로 하나의 교훈이 될 것이다. 다음 세대 구성원들이 새로운 이론에 익숙해지는 유일한 방법은 그것을 배우는 것이다. 새로운 정보를 얻는 개인의 경험이 과학을 진보시키는 본질적 메커니즘(방법)이라고 믿는 큐비스트들은 그들의 아이디어를 광범위하고 명확하게 널리 알리도록 충고를 받는다. 플랑크에 따르면, 널리 알리는 것이 협박하는 것을 이긴다.

크리스토퍼 푹스는 이 전략의 전형을 보여준다. 그는 매력적인 미소, 재치 있는 말재주, 무한한 열정으로 현대판 음유시인처럼 세상을 떠돌아다닌다. 그의 악기는 노트북이고 그의 멜로디는 수학이며 그의 악보는 파워포인트다. 이렇게 무장한 그는 큐비즘의 메시지를 세계에 전파한다. 여행 과정에서 푹스는 놀랍도록 넓은 영역의 협력자, 동료, 학생, 친구, 평론가 등을 가지게 되었고, 그들과 어마어마한 양의 이메일을 주고받는다. 그의 목표는 전통적인 양자역학을 교육받은 (나를 포함한) 구세대 물리학자들이 죽더라도 새로운 세대가 큐비즘과 익숙해지도록 만드는 것이다. 이러한 노력은 점차 새로운 전향자들이 설득되는 승리를 얻고 있다. 나는 결국에는 큐비즘이 '새로운 과학적 진리'로 승리할 것을, 1900년에 막스 플랑크의 절망적인 양자가설로부터 시작된 길고 구불구불한 길의 이정표가 될 것을 확신한다.

감사의 글

큐비즘에 대해 내가 알고 있는 모든 것을 가르쳐주고 무심결에 이 책에 영감을 불어넣어준 크리스토퍼 푹스에게 가장 먼저 그리고 가장 깊은 감사의 말을 전합니다. 마커스 애플비, 데이비드 머민과 주고받은 대화는 많은 미묘한 것을 명확하게 해주었습니다. 그들의 견해가 공정하게 표현되었기를 바랍니다. 계속 수정되는 원고를 인내심을 가지고 읽어주고 의견을 나눠준 분들로는 로이 챔피언, 데크 더신베르, 아서 아이센크래프트, 돈 레몬스, 탐 프리위트, 그리고 나의 형 칼 폰 베이어가 있습니다. 아내 바버라 왓킨슨과 딸 메이들린 폰 베이어의 격려와 지원이 없었다면 이 책은 결코 완성되지 않았을 것입니다. 이 책의 일러스트레이터이자 동료인 둘째 딸 릴리 폰 베이어는 늘 기쁨이었습니다. 그들 모두에게 진심으로 감사드립니다.

부록

양자역학에 대한 이전의 네 가지 해석

1925~1926년 양자역학이 발명된 이래 그의 수학적 의미에 대한 열두 가지 정도 서로 다른 해석이 제안되었다. 이들 중 어떤 것도 이론의 실제적 적용에 영향을 미치지 못했기 때문에 실험적으로 확증되거나 위증으로 밝혀지지 않았다. 결과적으로, 상대적인 인기는 변동이 있었지만, 이들 중 완전히 없어지게 된 건 없었다. 큐비즘은 주장하건대 가장 급진적인 해석이다. 양자역학의 허용된 수학적 법칙 위에 이론적인 상부 구조를 추가하는 대신 확률, 확실성 그리고 측정 같은 이론의 기본 요소의 의미를 개정함으로써 그들의 뿌리(root, 라틴어로 radix)를 파헤칠 수 있다. 여기 물리학자들의 비공식적(그리고 과학적으로 의미가 없는) 투표를 통한 인기 순서대로 현재 지배적인 해석 중 네 가지를 소개한다.[1]

코펜하겐 해석

이 해석은 코펜하겐의 닐스 보어 연구소에서 이름이 붙여졌다. 여기에서 주로 보어와 하이젠베르크에 의해, 그리고 다른 사람들의 중요한 공헌들과 함께 양자역학의 정통 버전이 만들어졌다. 큐비즘은 코펜하겐 해석의 많은 요소를 유지하지만 그중 일부와는 근본적으로 의견이 다르다.

양자 시스템의 관측 가능한 특성은 집합적으로 '양자 상태'라고 부른다. 양자 상태는 다시 '파동함수' 또는 이에 상응하는 행렬로 기술된다. 일반적으로 파동함수는 −1의 제곱근처럼 허수를 포함한다. 파동함수로부터 확률(0과 1 사이의 실수)은 표준 규칙에 따라 유도된다. 확률은 실험 관측과 측정의 가능한 결과를 의미한다.

측정은, 그 구체적 방법은 안 알려졌지만, 초기의 양자 상태를 실험의 실제 결과에 대응하는 새로운 양자 상태로 바꾸는 순간적 붕괴를 일으킨다. 양자 체계에 대해 동일한 방식으로 준비된 실험을 반복하는 것은, 주사위 2개를 반복해서 던지는 것과 같이, 다른 결과가 무작위로 서로 다른 빈도수를 가지고 나온다.
같은 수학적 수학이론을 가졌지만, 큐비즘은 파동함수, 확률 그리고 붕괴의 해석에서 코펜하겐과 다르다. 특정한 계에 대한 큐비스트의 파동함수는 보편적으로 동일한 관찰자와 독립된 공식이 아니라 각 행위자에 대한 개인적 표현이다. 그것은 각 행위자의 지식에 의존하며 따라서 주관적이다. 파동함수에서 파생된 큐비스트 확률은 객관적이고 빈도확률적이라기보다는 주관적인 베이지언 신뢰도다. 파동함수의 붕괴는 실험에 따라 촉발된 시스템 상태의 변화인 물리적 사건이 아니라 새로운 정보를 획득하여 얻어진 확률 배정의 베이지언 업데이트다.

다세계 해석

파동함수의 붕괴 문제를 피하는 가장 직접적인 방법은 붕괴를 제거하는 것이다. 이 과감한 움직임은 최근 몇 년 동안 지지자를 많이 확보했다. 다세계 해석은 점진적이고 예측 가능하게 진화하는 파동함수를 지닌 우주의 한 상태를 가정한다. 실험에서 파동함수는 붕괴하지 않는다. 그 대신 파동함수와 모든 것을 포함한 전체 우주가 가능한 모든 가지로 분기된다. 관찰자는 분기들 중 오직 하나만 알며 그 분기된 가지에서 계속 살게 된다. 따라서 우주는 측정마다 가능한 모든 분기로, 서로 통신을 주고받지 않는 거대한 다중우주로 끊임없이 분기된다.
이 해석에 대한 주요 반대 의견은 그것이 상상력을 지나치게 요구한다는 것이다. 더 많은 기술적인 문제는 분기 원인을 설명하지 못하는 것과 보편적인 파동함수로부터 특정한 확률을 도출하는 규칙을 정당화하기 어렵다는 것을 포함한다.
파일럿파(Pilot-Wave) 또는 가이딩필드(Guiding-Field) 해석, 전기동력학과 일반상대성이론 같은 장이론의 성공에 고무된 아인슈타인을 포함한 몇몇 물리학자는 양자역학의 인정된 수학적 장치로 시작하여 새로운 형식으로 다시 쓰는 해석을 선호했다. 이 과정은 입자의 운동을 결정론적이고 예측 가능한 방식으로 조절하는 실제 물리적 장과 유사한 표현을 만들어준다. 이 장은 전자기장이나 중력장과 비슷한 종류이지만 다르다. '양자힘'이라는 암시적 이미지는 N개의 여러 입자가 포함될 때는 작동하지 않는다. 이 경우 장은 익숙한 3차원 공간이 아니라 3N차원 공간에 존재한다. 이 익숙하지 않은 속성은 기존의 코펜하겐 파동함수와 공유되지만 가이딩 필드라는 직관적 매력을 떨어뜨린다. 뉴턴의 중력처럼 가이딩 필드는 명백히 비국소적이라는 사실이 더 문제가 된다. 특수상대성이론과 호환되고 스핀을 포함하도록 파일럿파 해석을 개정하는 방안이 계속 제안되고 논의되고 있다.

자발적 붕괴 이론

이런 종류의 모델들은 기존 양자이론에 완전히 새로운 메커니즘을 가져오기 때문에, 이것은 해석이라기보다 이론이라고 해야 한다. 이런 관점에서 붕괴는 관찰자 유도 촉발이 필요 없는 자연적 사건이다. 그들은 자발적으로 일어나지만 너무 드물어 개별적인 작은 양자 체계의 상호작용에 영향을 미치지 않는다. 그러나 양자 시스템이 특정 장비와 같은 커다란 고전적 장치와 상호작용할 때 그 효과는 전체 파동함수가 붕괴되는 점까지 증폭된다. 이 모델의 단점은 자발적 붕괴가 코펜하겐 해석의 관찰자 유도 붕괴만큼이나 설명할 수 없는 무작위적 사건이라는 것이다.

주석

머리말

1. George Gamow, *Mr. Tompkins in Paperback*, Canto Classics(Cambridge: Cambridge University Press, 2012).
2. 큐비즘은 영어에서 입체파라는 뜻의 cubism과 동음이의어다. –옮긴이

1. 양자는 어떻게 탄생했나

1. Helge Kragh, "Max Planck: The Reluctant Revolutionary," *Physics World,* December 1, 2000, 31–35, http://www.math.lsa.umich.edu/~krasny/math156_article_planck.pdf
2. 진동수는 단위 시간에 몇 번 같은 상태가 반복되었는지로 측정하며, 헤르츠(Hertz)라고 한다. 단위는 Hz다.
3. 진동수가 '퍼 세컨드' 또는 시간의 역수 단위를 갖기 때문에 h와 f를 곱하면 초(세컨드)가 약분되고 양자 e는 에너지의 미터 단위인 줄(joule)이 된다.
4. Phillip Frank, *Einstein-His Life and Times*(New York Alfred A. Knopf, 1947), 71

2. 광자

1. "영의 이중 슬릿 실험을 직접 해보자–집에서 하는 쉬운 과학," YouTube video, http://www.youtube.com/watch?v=kKdaRJ3vAmA

4. 파동함수

1. $F=GmM/r2$, 여기서 F는 중력의 세기를 나타내고, G는 만유인력 상수, m과 주석 M은 서로 인력을 작용하는 두 물체의 질량 그리고 r는 그들 사이의 거리를 나타낸다.
2. 계산자(slide rule): 로그의 원리를 응용하여 정수·소수의 곱셈과 나눗셈을 비롯해 제곱근풀이, 세제곱근풀이 또는 삼각비 등의 근사계산을 간단하게 처리할 수 있는 계산 기구. 1614년 스코틀랜드의 존 네이피어(John Napier, 1550~1617)가 발명했다. —옮긴이
3. 사람의 머리카락 두께만 한 길이와 양자 행동을 보여주는 작은 소리굽쇠는 〈사이언스〉의 "2010 올해의 혁신(Breakthrough of the Year 2010)" 코너에 소개되었다. See http://en.wikipedia.org/wiki/Quantum_machine

5. 물리학에서 가장 아름다운 실험

1. 진동자의 에너지 준위들이 조금씩 떨어져 있다는 막스 플랑크와 달리, 닐스 보어는 파동함수가 발명되기 수십 년 전 원시적 역학 모델에서 수소의 에너지 준위들에 대한 정확한 수학적 표현을 만들어냈다.
2. $F=ma$, 여기서 m은 물체의 질량, a는 그의 가속도 그리고 F는 가속도로 생기는 알짜힘이다.
3. 파동의 수학적 기술은 일반적으로 파고를 x축에서 위 또는 아래로 나타내며 양수와 음수 값을 포함한다. 그러나 확률은 결코 음수가 될 수 없고, 0과 1을 포함한 그 사이의 실수다. 게다가 파동함수는 대개 −1의 제곱근과 같이 허수를 포함한다. 그래서 파동함수의 수치는 확률과 같을 수 없다. 수학적으로 올바른 표현법은 "확률 밀도는 파동함수와 그의 켤레복소수를 곱한 것과 같다"라고 할 수 있다. 이것은 다음과 같은 말로 단순화할 것이다. 파동함수는 확률을 '산출한다.'
4. "파인만의 이중 슬릿 실험이 변신하다"에서 기술된 실험 결과 영상을 포함한 실험. Physicsworld.com, March 14, 2013, http://physicsworld.com/

cws/article/news/2013/mar/14/feynman's-double-slit-experiment-gets-a-makeover

6. 그리고 기적이 일어나다

1. Isaac Newton to Richard Bentley, *Letters to Bentley*, 1692/3, third letter to Bentley, February 25, 1693, quoted in *The Works of Richard Bentley*, ed. A. Dyce, vol. 3(London, 1838; repr., New York: AMS Press, 1966), 212-213.

7. 양자 불확정성

1. 파장≒*xd/L*, 여기서 *x*는 간섭 선 사이의 거리, *d*는 두 슬릿 사이의 거리 그리고 *L*은 슬릿에서 스크린까지의 거리다.
2. Bram Gaasbeek, "Demystifying the Delayed Choice Experiments," July 22, 2010, http:www.arxiv.org/abs/1007.3977

8. 가장 간단한 파동함수

1. 보통 물체의 회전량은 물체의 질량, 모양, 회전 속도에 의존하는 각운동량으로 측정된다. 놀랍게도 각운동량의 단위는 플랑크 상수 h의 단위와 같은데, 이것은 초기 보어의 수소 원자 모델에 영감을 주는 우연의 일치를 보였다.
2. "Raffiniert ist der Herr Gott, aber boshaft ist Er nicht," Alice Calaprice, *The Expanded Quotable Einstein*(Princeton, NJ: Princeton University Press, 2000), 241.
3. 큐비트(cubit): 고대 유대인의 길이 단위로 팔꿈치부터 가운뎃손가락 끝까지의 길이를 말한다. —옮긴이

9. 골칫거리 확률

1. 크랩스 게임(craps game): 주사위 2개로 하는 도박의 일종. −옮긴이
2. D. M. Appleby, "Probabilities Are single−Case, or Nothing," *Optics and Spectroscopy* 99(2005): 447-462, http://arxiv.org/abs/quantph/0408058

10. 베이즈 목사의 확률

1. 베이즈의 소유격 형태는 Bayes's와 Bayes 사이의 약속이다.
2. See, for example, W. T. Eadie, D. Drijard, F. E. James, M. Roos, and B. Sadoulet, *Statistical Methods in Experimental Physics*(Geneva, Switzerland: CERN, 1971).
3. 한 가지 중요한 경고가 있다. 사전 확률이 정확히 0 또는 1이라면, 의견을 바꾸게 할 것은 아무것도 없다.

11. 큐비즘이 명백함을 만든다

1. Carlton M. Caves, Christopher A. Fuchs, and Rudiger Schack, "Quantum Probabilities as Bayesian Probabilities," *Physical Review* A 65(2002):022305-022315.
2. 아일랜드의 철학자다. −옮긴이
3. 독일의 물리학자다. −옮긴이
4. N. David Mermin, "Is the Moon There When Nobody Looks? Reality and the Quantum Theory," *Physics Today*, April 1985, 38.

12. 큐비즘이 슈뢰딩거의 고양이를 구하다

1. 이 경구는 나치 당국자가 고양이가 아니라 문화에 대해 하는 말로 잘못 알아들은 책임을 전가하려고 만든 말이다.

13. 큐비즘의 기원

1. Quoted in Erwin Schrodinger, *Nature and the Greeks* and *Science and Humanism*(Cambridge: Cambridge University Press, 1996), 89.
2. Christopher A. Fuchs, N. David Mermin, and Rudiger Schack, "An Introduction to QBism with an Application to the Locality of Quantum Mechanics," *American Journal of Physics* 82, no. 8(2014): 749.
3. Werner Heisenberg, "The Representation of Nature in Contemporary Physics," *Daedalus* 87(1958): 99.
4. Fuchs, Mermin, and Schack, "Introduction to QBism," 757.
5. N. David Mermin, "Quantum Mechanics: Fixing the Shifty Split," *Physics Today,* July 2012, 8.

14. 실험실에서의 양자 기묘도

1. 1964년 존 벨은 EPR 사고 실험을 실현화할 가능성을 제기했다. 그의 제안에 대한 실험실의 구현은 1980년대 초에 시작되었으며 오늘날에도 계속되고 있다.
2. Arthur Fine, "The Einstein-Podolsky-Rosen Argument in Quantum Theory," *The Stanford Encyclopedia of Philosophy,* Winter 2014, http://plato. stanford.edu/archives/win2014/entries/qt-epr/

15. 모든 물리학은 국소적이다

1. Arthur Fine, "The Einstein-Podolsky-Rosen Argument in Quantum Theory," *The Stanford Encyclopedia of Philosophy,* Winter 2014, http://plato. stanford.edu/archives/win2014/entries/qt−epr/
2. Christopher A. Fuchs, N. David Mermin, and Rudiger Schack, "An Introduction to QBism with an Application to the Locality of Quantum Mechanics," *American Journal of Physics* 82, no. 8(2014): 749-754.

16. 신뢰와 확신

1. Arthur Fine, "The Einstein–Podolsky–Rosen Argument in Quantum Theory," *The Stanford Encyclopedia of Philosophy*, Winter 2014, http://plato. stanford.edu/archives/win2014/entries/qt-epr/
2. 귀납법에 따른 과학적·철학적 논쟁과 달리 수학적 증명은 유효하다.
3. Christopher A. Fuchs, N. David Mermin, and Rudiger Schack, "An Introduction to QBism with an Application to the Locality of Quantum Mechanics," *American Journal of Physics* 82, no. 8(2014): 755.

17. 물리학과 인간의 경험

1. Christopher A. Fuchs, N. David Mermin, and Rudiger Schack, "An Introduction to QBism with an Application to the Locality of Quantum Mechanics," *American Journal of Physics* 82, no. 8(2014): 749.
2. 비틀스의 13집 앨범에 나오는 I me mine이라는 노래의 후렴구다. –옮긴이
3. N. David Mermin, "QBism Puts the Scientist Back into Seience," *Nature* 507(March 27, 2014): 421-423.

18. 자연의 법칙들

The epigraph is taken from Max Planck, *Where Is Science Going?* trans. James Murphy(New York: W.W.Norton&Company, 1932), 107.

19. 바위가 거꾸로 걷어차다

1. Christopher A. Fuchs, "QBism, the Perimeter of Quantum Bayesianism," March 26, 2010, http//arxiv.org/abs/1003.5209
2. *Ibid.*
3. Christopher A. Fuchs, "The Anti-Viejo Interpretation of Quantum

Mechanics," April 25, 2002, 11, http://arxiv.org/abs/quantph/0204146. The article appeared before the word QBism was coined.

20. '지금이야!'의 문제

1. 독일 태생 미국의 철학자. —옮긴이
2. N. David Mermin, "QBism as CBism: Solving the Problem of 'the Now,'" http://arxiv. org:1312.7825
3. Rodolfo R. Llina's and Sisir Roy, "The 'Prediction Imperative' as the Basis for Self-Awareness," *Philosophical Transactions of the Royal Society* 364(2009): 1301-1307.

21. 완벽한 지도?

1. Lewis Carroll, *Sylvie and Bruno Concluded*(London: Macmillan, 1893), chap. 11.
2. Marcus Appleby, "Concerning Dice and Divinity," November 26, 2006, http://arxiv.org/abs/quant-ph/0611261
3. *Ibid.*

22. 우리 앞에 놓인 길

1. Richard Feynman, http://www.nobelprize.org/nobel_prizes/physics/laureates/1965/feynman-lecture.html
2. Albert Einstein, "Uber einen die Erzeugung und Verwandlung des Lichtes betreffenden heuristischen Gesichtspunkt," *Annalen der Physik* 17, no. 6(1905): 132-148.
3. N. Bent, H. Qassim, A. A. Tahir, D. Sych, G. Leuchs, L. L. Sanchez-Soto, E. Karimi, and R. W. Boyd, "Experimental Realization of Quantum Tomography of Photonic Qudits via Symmetric Informationally Complete Positive Operator-Valued Measures," *Physical Review* X5(October 12, 2015: 1-12, http://journals.aps.org/prx/

abstract/10.1103/PhysRevX.5.041006
4. Rudiger Schack, https/intelligience.org/2014/04/29/ruediger-schack/
5. Jon Yard, http://physik.univie.ac.at/uploads/media/Yard_Jon_05.06.14.pdf
6. 런던대학교 로열할러데이칼리지. -옮긴이
7. Jon Yard, http://physik.univie.ac.at/uploads/media/Yard_Jon_05.06.14.pdf
8. http://www.gutzitiert.de/zitat_autor_max_planck_thema_wissenschaft_zitat_27498.html

부록

1. Adapted from Hans C. von Baeyer, "Quantum Weirdness? It's All in Your Mind," *Scientific American* 308, no. 6(2013): 47.

찾아보기

ㅈ

양자역학의 미래
큐비즘이 슈뢰딩거의 고양이를 구하다

1판 2쇄 발행 2019년 10월 8일

글쓴이 한스 크리스천 폰 베이어
옮긴이 이억주, 박태선
펴낸이 이경민

펴낸곳 (주)동아엠앤비
출판등록 2014년 3월 28일(제25100-2014-000025호)
주소 (03737) 서울특별시 서대문구 충정로 35-17 인촌빌딩 1층
전화 (편집) 02-392-6901 (마케팅) 02-392-6900
팩스 02-392-6902
전자우편 damnb0401@naver.com
SNS

ISBN 979-11-88704-97-2(03420)

※ 책 가격은 뒤표지에 있습니다.
※ 잘못된 책은 구입한 곳에서 바꿔 드립니다.
※ 이 도서의 국립중앙도서관 출판예정도서목록(CIP)은 서지정보유통지원시스템 홈페이지(http://seoji.nl.go.kr)와 국가자료공동목록시스템(http://www.nl.go.kr/kolisnet)에서 이용하실 수 있습니다.(CIP제어번호: CIP2018023464)